もう一つの衣服、ホームウエア

家で着るアパレル史

武田尚子

みすず書房

目次

もう一つの衣服、ホームウエア

家で着るアパレル史

はじめに

二〇二〇年——前代未聞のパンデミックが世界を覆っている。〝ステイホーム〟の新しい生活習慣の中で、にわかに脚光を浴びているものの一つに、家で着る衣服、つまりホームウエアがある。

このテーマでものを書こうと思ったのは、二〇一七年後半だろうか。少しずつ取材を始め、二〇一八年十月号から月刊『みすず』誌上で連載を開始した。最終回となった二〇二〇年六月号の原稿は、まさにコロナ禍が本格化しようとする中で書いた。

執筆のきっかけとなったのはおそらく、還暦という私自身の年齢だ。残された後半の人生をどう生きていこうか。私にできることは何なのだろうか。これまでの自分の人生や仕事を棚卸ししていくうちに、自然に導き出されたのが「ホームウエア」だったのである。

仕事の基礎をつくったといえるのは、二五歳から五年間のインナーウエア（下着）業界専門誌の記者である。忘れもしない、「ファッションと文を書くのが好きな人」という朝日新聞紙上の求人欄をみて応募した。三〇歳でフリーランスになってからは仕事の領域がぐんと広がったが、核にあるのはいつも、普段は人目から隠されているこの「もう一つの衣服」であった。二九歳から継続して定期的な海外取材を続けてきたことも、私の人生の大きな部分を占めている。

考えてみると、私は子供のころから「家」には特別の思いがあった。いつも好きな服を着たいという気持ちが強いのと同様に、好きな物に囲まれて好きな空間で暮らしたいと願う気持ちが人一倍強かった。人生の大半を一人暮らしで過ごしてきた私は、この願望はその時々に応じてかなえてきたかもしれないが、何かが欠如していることも確かだろう。

両親があの世に旅立つのを見届けた後は、自分のルーツを改めて確認すべく、親戚とも交流を深めてファミリーヒストリーを探求し、そこに自分が脈々と連なっていることを実感した。ある意味では時代に翻弄された母や祖母の女としての無念さも含め、そこにある多くの人間模様はじつに興味深く、愛おしかった。百年前のこともそれほど遠い昔とは感じられなかった。そのファミリーツリーを断ち切らざるを得ない自分自身には後悔の念もなくはないが、これは天のなせるわざである。子供の頃から本能的に、家には縛られたくないと思っていた私が、これほどまでに「家」に執着していたとは不思議だ。

今も、家族が登場する夢には必ず「家」(自宅)が登場する。それは実際に住んでいた家そのままではないのだが、形はどうあれ、どの家も違和感なく妙になじんだ感じがする。家の中の戸を開けると、違うフロアにもう一軒分の使っていないスペースがあるという奇想天外なものなど、たいていは思っていたより私の家は結構広くて安心したという、妙に願望交じりのものが多い。夢ではどれもありという感じなのだ。母や祖母がいるから違和感はない。つまり「家」とは「家族」と同義語なのかもしれない。

さらに不思議なのは、夢に出てくる人物が何を身に着けていたか、あまり鮮明ではないのはなぜだろう。このような個人的な背景は、言ってみれば後づけにすぎないのかもしれない。

インナーウエア（一般に婦人服業界でいう「インナー」とは、ジャケットインのアイテムを示すことが多いが、ここでいうインナーとは「内側の衣服」という意味。世界的には「ランジェリー」という呼び方が一般的）のグローバルなトレンドを長く見続けていると、そこで見えてくるのはインナーとアウターのボーダーレスという、ファッションというより衣服の根源にある合理化の流れであり、選択肢の広さである。その中でも、体型補整機能から解放されるナイトウエアやルームウエアという分野に焦点を当てたのは、自由とあいまいさを愛する私にぴったりだと思ったからだ。

まず資料を集めようと、図書館、しかも服飾の分野では随一といわれる所に行ったが、この分野に関する書物はほとんどない。ブラジャーやコルセットはそれなりにあっても、ナイトウエアやルームウエアについて一冊にまとめられているものは見当たらない。これは私に与えられたミッションであると自分自身を煽り立てた。

ファッションや衣服から見落とされている「もう一つの衣服」、つまり「家」にまつわる「ホームウエア」の変遷を、私の視線から記録して遺したいという思いを形にした、それがこの本だ。

タテ糸に張ったのは、日本国内のアパレル産業史および市場の変化、そこを見えないヨコ糸（私の人生？）で織っていくといったらいいか。私たち世代はまさにファッションの黄金期を過ごしたのである。

世界には、それぞれの伝統にもとづいた魅力的なホームウエアの歴史がもっと隠されているであろう。世界全体の大きな動きを背景にしながらも、ここではあくまで日本をホーム（本拠地）に、日本国内の産業やブランド、しかも伝統的なもの、継続しているものを主軸に（一部、日本とかかわりの深いインポートブランドも含め）まとめ、さらに、メンズを無視したわけではないが、ファッションやライフスタイルをリードするレディースを中心にしたことをおことわりしておく。かつてはアパレルメーカーとデザイナーが（ブランディングによって）ファッションの文化をつくってきたことは確かであるから、日本におけるその歴史を「ホームウエア」からひもとくことは無意味ではないと思うのである。さらに、それは世界の動きとも共振している。

この本を読んでくださる方にとって、それぞれの「ホームウエア」を見直す機会としていただければ幸いです。

「ホームウエア」とは何か

家にいる時、またベッドあるいは布団の中で眠る時、皆さんは何を身に着けていらっしゃるだろうか。そう聞かれるのは、どんな下着を着けているかという質問よりもおそらく少ないのではないだろうか。そのくらい無意識なものかもしれない。それはその人の趣味嗜好や習慣の問題ではあるが、それ以前に、職業やライフスタイルによっても変わってくるはずだ。平日は会社勤めをしている人なら、家に帰った段階でその日一日外で来ていた仕事着を脱ぎ捨て、例えばスウェット上下のような楽な恰好になるだろう。いきなりパジャマに着替えるという人も少なくないかもしれない。週に何日かは家の机に向かっている私のように、家を仕事場にしている人、また専業主婦といわれる家事中心の暮らしをしている人なら、その人の仕事着と部屋着は共通しているかもしれない。さらに、一緒に暮らす家族構成、気候

日本人の家着の原風景は映画の中に。小津安二郎『晩春』（1949）より

や住環境の違いも大きく左右する。もっと世界レベルでいうと、伝統や風土や宗教の違いも影響してくるだろう。職業に関係なく、一日に何度か着替える人もいれば、ずっと同じ衣服で過ごす人もいる。

ちなみに私自身は、眠っていた時に着ていたものはいち早く脱ぎたい方なので、朝ベッドから起き上がったらまず着替える。外出する時（それが近所なのか、仕事で都心に出るのかによっても異なる）は着替え、また眠る時も着替えるので、ずっと家にいる日は一回しか着替えないが、多い日は日に二、三回は着替えることになる。たとえ同じようなTシャツであったとしても。「着替え」とはまさに「気持ちの切り替え」であり、それぞれの場面で何を着ているかは、その時の「なりたい自分」（外では「見せたい自分」の要素も強くなる）であるに違いない。ショーツであっても外出時と家にいる時は同じではない。特に寝る時にストレッチの利いたものははきたくない。

私はつくづく着替える人だなあと思うのは、温泉に行った時だ。たいていの温泉旅館やホテルでは、浴衣（ゆかた）が用意されている。最近はその種類も豊富だ。宿泊客はチェックインを済ませて少しすると、さて温泉に入ろうとなるわけだが、温泉から出るとその浴衣に着替え、夕食をはさんでゆっくりくつろぎ、そのまま床に入る。さらには、何と朝食の時まで同じ浴衣で過ごしている人が多い。夕食も朝食もそれぞれの個室でとるならまだしも、他の宿泊客と一緒のレストランなどでそういった光景を見るのは、あまりいい気持ちがしないのは私だけだろうか。上背のある私にとっては、女性物の浴衣を着るとちんちくりんになる、うまく浴衣が着られないということもあって、あまり浴衣になじまないこともあるのだが、それだけではないような気がする。

オンタイム（活動時間）とオフタイム（休暇時間）の区分も、人によってまさに千差万別である（オンとオフの境が劇的にあいまいになっていることは後述する）。私が日曜日に仕事に出かけようとすると、同じマンションの住民から「日曜日もお仕事ですか？」と驚かれることがあるのだが、それは週休二日の多数派の視点であって、何も皆が皆、週末が休日とは限らない。さらには昼夜逆転した夜勤を中心に仕事をしている人だっているわけである。

いずれにしても、華やかなスポットライトが当たる外着（アウターウエア）に比べて、これまで一般的には、眠る時や家で過ごす時の衣服にはあまり目が向けられてこなかったのではないだろうか。それが最近になって、「睡眠」の重要性、健康志向の高まり、ストレスフリーのリラックスした暮らしへの渇望、あるいは新型コロナウイルスの拡大によって急速に在宅勤務が進んだことなどが、人々の衣生活や消費行動を変化させている。これは世界的な現象だ。

長年定期的な取材を続けているインナーウエア関連の国際見本市をはじめ、パリやロンドンの有名百貨店などの店頭を見ても、このナイトウエア／ラウンジウエアといわれる分野が活性化しているのを感じるし、実際に供給側である代表的なブランドの人の話を聞いても、コロナ以前から概ね好調に業績が伸びていた。つい数年前までは、売り場縮小の一途をたどっていたのに、明らかに時代が変化したのである。デジタル社会の定着やインターネット環境の進化が背景にあることとも無縁ではないだろう。

仕事が忙しくて家には寝に帰るだけという人もいるはずだし、そのパターンは様々であっても、誰にも家での生活というのはあるもの。家の中あるいは家周辺での衣服、つまり社会の目にさらされる外着（アウターウエア）とは異なるもう一つの衣服について、その歴史や背景にある産業の変化などをひもといてみたいと思う。

「ホームウエア」の定義づけ

まず、この「もう一つの衣服」の領域について、整理してみたい。

日本ではこの領域は伝統的に「ねまき（寝巻、寝間着）」と言われていた。その昔は着古した浴衣などで代用することも少なくなかったようだ。どちらかというと衣服の中では格下であったことは、今でも「そんなネマキのような恰好をして」という言われ方があることにもよくあらわれている。「だらしない」「人前には出られない」といったニュアンスであろう。

今から三〇数年前、私がファッションビジネスの中でもインナーウエア専門誌の駆け出しの記者をしていた頃は、この領域は総じて「ナイトウエア」あるいは「ナイティ」と呼ぶのが一般的だった。既に当時からアウター化、カジュアル化が進んでおり、寝る時の「スリープウエア」だけではなく、家の中で過ごすための「ルームウエア」や「ラウンジウエア」、さらに家の近所にも出られる「ワンマイルウエア」という具合に多面化し、それぞれの目的に応じた多彩なアイテムで構成されていた。

ただ、現在のように人々のライフスタイルが多様化すると、「ナイトウエア」という呼称そのものがやや古臭く感じられる。少なくともデイウエア、ナイトウエアという時間軸ではとらえられなくなっているのだ。

いまや、ナイトウエア全体の代名詞にされてしまう場合もある「パジャマ」も、もともとは一アイテム名。ナイトウエアの中でも主にシャツスタイルの上下ツーピースをパジャマ、ワンピース型をネグリジェというように、その昔はよく対でつかわれていたが、今日では「ネグリジェ」はもう死語になってしまったようで、ほとんど聞かれなくなってしまった。ネグリジェというと、どこか懐かしい昭和のにおいがする。上下つながったワンピース型はもちろん今でも存在するが、それは婦

フランソワ・ジェラール《レカミエ夫人の肖像》(1805)
エンパイア・スタイルと呼ばれる新古典主義の流れをくんだ、薄いモスリンのドレス。胸元を強調するハイウエストと小さな袖のシルエットは、その後ネグリジェのスタイルとしても現代に脈々と受け継がれている

人服と同様に「ワンピース」「ドレス」と呼ぶことが多い。

かつてのナイトウエアの代表格はパジャマやネグリジェであり、さらにローブやガウンといった上に羽織るものも充実していた。百貨店のナイトウエア売り場に行くと、ロングガウンがずらりとラックにかけられていた光景をよく覚えている。もちろん、今もローブやガウンは存在しているが、丈はさまざまで全体的に軽くなり、特に欧米では、根強い人気のキモノスタイルをはじめ、カーディガンやジャケット、ケープやポンチョまで、羽織るアイテムが婦人服の外着（アウターウエア）同様に多様化している。また、日本の特徴としては、ポーチなど小物類が多彩なのをはじめ、冷え性の人の必須アイテムである腹巻きやソックス、近年ではナイトブラ（夜眠る時のブラジャー）というように、きめ細かな周辺アイテムへの広がりが見られる。おしゃれな小道具としては、アイマスクやナイトキャップも。

このように「もう一つの衣服」は、時代によって呼称や内容が変化してきた領域である。言葉というものはコンセプトであるから、その呼称にはその時代性が反映されている。しかしながら、決して定義が確立しているわけではなく、非常にあいまいさがあるのも特徴だ。眠る時の「スリープウエア」と家でくつろぐ「ラウンジウエア」も厳然と分かれているわけではない。前者は機能性優先、後者は選択肢の中でデザイン性の比重が増えるかもしれないが、実のところその違いはあいまいであり、ある意味では着る人次第ともいえる。衣服のルールから自由であるからこそ、この領域に衣服そのもののポジティブな未来を感じるのだ。

私はこの「もう一つの衣服」の領域をひとくくりにして、家で着る衣服、「ホームウエア」と呼びたいと思う。スリープウエアと部屋着を着替えようが着替えまいが、あえてひとくくり。ここで線引きしてしまうと、自由度が減退するような気がする。「ルームウエア」「ハウスウエア」でもいいかもしれないが、あえて「ホーム」と定義するのは、その言葉には実際に住んでいる「家」に限らず、「居場所」「居心地の良い場所」、さらには「帰るべきところ」といった意味も含まれているからだ。したがって、その「ホームウエア」を着る場面は、家の中はもちろんのこと、自分の家に限らず、旅先のホテルやテラス、海辺でもいい。自分自身を解放できる場所、素がさらけ出せる場所が「ホーム」なのである。

あいまいで自由、かつパーソナル

大きく「衣服」というものは、一般的に「服」や「洋服」と呼ばれる外着（アウターウエア）と、普段は内側に隠されている下着（インナーウエア）に大別される。下着は衣服かといった意地悪な声も聞こえてきそうだが、衣服あるいはファッションの歴史というものは、ある意味で下着が担ってきたことは、服飾史関係の書物を見ると明白である。スリープウエアとなると後者のインナーウエアに近いが、ラウンジウエアはアウターウエアに近いかもしれない。従来のスリープウエア・ラウンジウエアは、インナーウエアの領域に属しているが、「ホームウエア」とくくると、アウターウエアとインナーウエアの間を自由に行き来するという印象になるだろうか。産業としては、主流はインナーウエアの範疇ではあるが、例えばブラジャーほど下着独自の機能性が求められているわけではないので、婦人服やそのほかの異業種からの新規参入もしやすい。

人々のライフスタイルや価値観の変化により、外着そのものもリラックスできるスタイルを好むようになったので、近年、このあいまいな領域が広がった。一方、インナーウエア側もアウター化が進み、外に見せる着こなし、あるいは外着としての汎用性が重要になってきているので、ますます両者は接近している。ホームウエアはインナーのアウター化の先鋒を担う領域といってもいい。

アウターウエアとインナーウエアの違いは、生活軸からいうと、「オンタイム」（活動時間）と「オフタイム」（休暇時間）に分けることもできる。これは前述したように、不特定多数の社会の目が注がれる前者に対し、後者は非常にパーソナルなものである。国内インナーアパレル最大手であり、今やグローバルブランドとしての地位も確立しているワコールが、ホームウエア（ナイトウエア、ラウンジウエア）部門の部署名や同領域を、古くから「パーソナルウエア」と称してきたのは象徴的だ。

アメリカでは、日本でいうインナーウエアのことを「インティメイトウエア（親密な衣服）」と呼んだりもするが、アウターウエアが社会的な側面が大きいのに対し、インナーウエアはあくまで自分自身を核にしながら、特定の親しい人にしか見せない衣服である。外着の下に隠されているブラジャーやショーツ、キャミソール

素の自分になる時間には何を着るか
（HANRO 2017 秋冬コレクションより）

といったものと同様に、ホームウエアも通常は家族など限られた人にしか見せることはない。外に見えるものにはお金をかけるが、見えないものにはあまりお金をかけないという傾向は日本に根強く、そこに産業面における長年の課題があるのだが、この辺も近年は少しずつ状況が変化しているといっていいだろう。ただ家にいても、「ゴミ出し」、あるいは「宅急便の受け取り」といった日本特有のリアルなニーズもあり、さらにはいつ何時に災害がおこるかもしれないといった備えを考えると、まったくパーソナルでいられないという側面もある。

また、売り場の小売り軸からいうと、

「ホームウエア」は、インナーウエア（下着）とリビング（インテリアや寝具）という大きく二つのカテゴリーにまたがっていることも、百貨店などのフロアを見るとよくわかる。女性の肌に最も近い衣服、ファッションであるから、ベッド周りなど家の中のインテリアとも密接な関連性があるというわけだ。これは世界的にも同様で、パリで開催される国際見本市を例にとっても、インナーウエア関連の「パリ国際ランジェリー展」、インテリア関連の「メゾン・エ・オブジェ」、両領域の見本市において「ホームウエア」（スリープウエア、ラウンジウエア）が見られる。同じブランドが両方に出展している場合もあるし、どちらかに対象の市場を絞っている場合もある。さらに、近年では健康志向の中で、ヨガやウォーキングなどのソフトスポーツをライフスタイルの中に取り入れる動きも強まり、こういった〝アスレジャー〟（アスレチックとレジャーを組み合わせた造語）のトレンドに対応するブランドも増えている。同じヨガをするにも、ジムに行ってヨガのクラスをとるのと、家でするのを習慣にしているのとでは身に着けるものも違ってくる。私はこのコロナ禍でスポーツクラブを退会し、家でユーチューブを見ながらちょっとした時間にヨガをするようになったのだが、わざわざヨガウエアに着替えたりはしない。家ではヨガもできるスポーティな恰好をしている。

どう生きるかを如実に反映する

つまり、「ホームウエア」という領域は、リラックス（パーソナル：個人的）とアクティブ（ソーシャル：社会的）、あるいはオフタイムとオンタイムという軸の中で、意識する存在も自分自身、パートナー、家族、友人、不特定多数へと広がる。その場面も、ベッド、寝室、家の中、ベランダ、近所、旅先（ホテルや機内）というように、内から外へ広がり、その間を自由に行き来するライフスタイルウエアなのである。ここにはその時々の時代背景も如実に反映され、〝快適性〟をはじめ、〝コクーニング（巣ごもり）〟、〝ウェルビーイング（心身の幸福）〟といったキーワードもよく使われてきた。

フリーダ・カーロ
《ベルベット・ドレスを着た自画像》
(1926)
服はそのときの自分を語る

戦後における生活の西洋化とともに、かつては夢の象徴だったナイトウエアだが、今は現実のライフスタイルに密着した衣服の一環としてのホームウエアへと進化した。表からは見えにくい領域かもしれないが、確実にファッション、いやもっと広くウェルビーイング・ビジネスの一端を担っている。まさに人々の〝どう生きるか〟という思いがここに込められているのだ。

多少、蛇足かもしれないが、今後の広がりとしては「エンディングドレス」というような未開拓の市場もあるのではないだろうか。これは私自身の経験によるものだが、母が亡くなって最後に納棺される時、シルクの白いパジャマを着せてあげた。いわゆる「白装束」というわけである。これは母の生前から相談して決めて用意しておいたものだった。人によっては第二のウエディングドレスのように華美なものを用意する人もいるらしい。ウエディングドレスといえば、昔からランジェリーやナイトウエアの領域とフォーマルウエアとの共通点は少なくなく、そういう夢のある儀式の要素も含まれている。〝終活〟という言葉が注目されているように、これだけ人々がどう生きるか、どう最後を迎えるかを考えるようになると、当然、あの世に旅立つための最期の衣服に対するニーズもあると思うのだ。

「家にいる時、またベッドあるいは布団の中で眠る時、何を身に着けているか」という最初の問いかけにもどると、マリリン・モンローの「シャネルの五番」ではないが、人によっては「何も身に着けない（裸）」という選択肢もあるし、それ以上に「着古したTシャツ」といった返答も少なくないはずだ。これは実際にはかなりの割合を占めるのではないかと思う。家の中の人目が気にならないリラックスした場面では、私自身、何も考えずに肌になじんだものを身に着けたいという欲求が高いので、これは実感としてよく分かる。ヨレヨレになっても着心地がよいものは捨てられない。特に、ナイトウエアは素材や仕立てのいいものであれば、丁寧に着たら十年、二〇年はもつ（メーカーの人には嫌がられそうだが）。寝具も同様だ。ナイトウエアなどのリネン類がアンティークアイテムであることは、パリの蚤の市を見ればよく分かる。

夢のある時代からどちらかというと効率重視の合理的な時代へと変わり、また消費の仕方もモノからコトへ、さらに思想へと多様化するなかで、人々の装いに対する欲望はやや停滞しているかもしれない。だが、パーソナルなホームウエアをとらえると、その領域にはまだまだ可能性がある。ファッションの裏側に隠されながらも、いや表にはわかりにくいからこそ、ファッションの魅力の神髄がある。

そういう意味でも、「ホームウエア」の変遷をたどり、主に戦後の産業史をひもとくことは、意味のあることではないかと思っている。

モードの歴史における「身体の解放」

ホームウエアに求められているのは何か、外で着る衣服との違いは何かと考えた時、それは快適な「着ごこち」であり、「肌触り」の良さに行きつくのではないかと思う。「第二の皮膚」にも通じるものであろう。人間が感じる五感〈視覚、聴覚、味覚、触覚、嗅覚〉の中でも、通常の衣服は「視覚」の比重が大きいかもしれないが、ホームウエアは「触覚」が優先されるのではないだろうか。その根本には「身体の解放」という概念があるように思う。

服飾史の中で「身体の解放」といえば、古代から近代に至るまでの長い歴史を持つ、女性の装身具として欠かせなかったヨーロッパの伝統的なコルセットからの解放がすぐに思い浮かぶ。すなわちそれは「女性解放」にもつながるものとして認識されている。時代と共にコルセットはブラジャーへと変化して受け継がれ、一九七〇年代初頭、ウーマンリブ運動がわきあがった時には、女性を拘束するものの象徴としてのブラジャーを焼き捨てたというエピソードが記録されている。

ちなみにブラジャーは、一九一三年、アメリカのメアリー・フェルプス・ジェイコブという女性によって発明（翌年に特許取得）されたといわれており、特許を申請した二月十二日は記念日として、今も「ブラジャーの日」としてメーカーのイベントなどが行われている。

昨今の #Me Too ムーブメント（セクシャルハラスメントや性的暴行の被害を告発し、被害の撲滅を目指す運動）もそうであるように、女性解放運動がアメリカ（次にイギリス）に端を発するのは今も昔も同様で、時代はさらにさかのぼり、ブルーマー運動というのもあった。一八五一年、アメリカのアメリア・ブルーマーという女性解放運動組織にいた女性が、自転車に乗るためのゆったりした動きやすいズボン型衣服を雑誌で提案したことから広まったものだ。当時はひざ丈スカートの下に着用していたようだが、これは女性のパンツスタイルの元祖として言い伝えられている。

さらにここではモードの切り口から、「身体の解放」に大きな役割を果たした二人のクチュリエをクローズアップしてみたい。共に一九二〇年代という、服飾史における エポックメイキングな時代をあらわす存在といえる。

第一次世界大戦（一九一四―一八）とそれに続く大恐慌の後にやってきたこの時代。一九二〇年代といえば、ひざ下丈の短いスカートに、直線的なシルエットのドレスを身に着けた、ショートボブの活動的な女性の姿がすぐに思い浮かぶが、それは現代にも脈々と続くファッション、およびファッションを取り巻く産業システムの変革の時代でもあった。女性がパジャマを着るようになったのもこの時代であったことは、次章で述べることにする。

既にブラジャーは発明されていたが、当時のブラジャーというのはスリップのバスト部分を切ったような平面的なものであって、これから紹介するドレスは着用の際にブラジャーをつけていたとしても、身体の線がかなりリアルにあらわれるものであったことを前置きしておきたい。

ニットをモードにしたシャネル

家でゆっくりくつろぎたい時に欠かせないのは、なんといってもニット（編物素材）ではないだろうか。布帛（織物素材）のシャツやデニムを愛用しているという人も、もちろん少なくないだろうが、伸縮性のあるニットの楽さにはかなわない。私自身、家の中で着るものはほとんどがニット（Tシャツやカットソー、スウェットパーカー、カーディガン、セーター類を含めて）である。外で着る衣服を考えてみても、一般的に、フォーマルな場面以外のところではニットの比率が高まる一方で、テーラードジャケットでさえ、最近はニット素材のものが増えた。

服飾史において、それまでは男性用下着やスポーツウエアにしか使用されていなかったベージュのジャージー（天竺ニット、一般的にはメリヤスとも）を、初めてモードに取り入れたのがココ・シャネル（一八八三―一九七一）であることはよく知られている。それまで帽子を作っていた彼女が、初めてのオートクチュールコレクションとして手掛けた服である。第一次世界大戦が始まった翌々年、一九一六年のことだった。

話は少し横道にそれるが、女性の下着にベージュ（スキンカラー、ヌードカラー）がベーシックなものとして取り入れられるようになるのは、一九七〇年代のノーブラムーブメント以降で、これはまさに下着の皮膚化（セカンドスキン）といえるものであり、着けていても着けていないように存在を目立たなくさせる効果があった。ベージュと同時に、カップが立体的になるようにモールド加工が施されたシームレスブラジャーなども、この時代の産物である。

シャネルのジャージードレスは、一九二〇年代に発表されたツイードスーツの陰に隠れて地味な存在ではあるが、方々のモードの展覧会で観た記憶や遺されている写真では、ゆったりしたショートローブ型の上着と脛の方まで長いスカートの組み合わせだったり、ロングカーディガンと襞の入ったひざ丈スカートの組み合わせだったり、おとなしめのワンピースだったりと、少しずつ変化を見せており、色もベージュに限らない。

シャネルといえば、二〇一九年秋、世界を巡回した「マドモアゼル プリヴェ展」

が東京・天王洲で開催されたのは記憶に新しい。シャネルの創作を象徴する五つの色調別テーマでエリアが構成されている中にベージュの部屋もあり、サンドベージュのスウェードのソファなど、彼女の愛したインテリアのエピソードが語られていた。それ以上に印象的だったのは、隣接する会場で上映されていた、シャネル再興に大きな役割を果たしたデザイナーであるカール・ラガーフェルド制作のショートフィルム『ワンス・アポン・ア・タイム』だ。フランスの高級保養地ドーヴィルで、シャネルが初めてのブティックを開いた初期の様子が描かれたもので、キーラ・ナイトレイ扮する若き日のシャネルが、芝居がかった上流階級の顧客に接しているのだが、店で彼女が身に着けていたのがジャージーのセットアップ（ショート

ジャージードレスを着たココ・シャネル
（パリ、1929）

ローブ型カーディガンとひざ丈スカート）だった。それは、そのまま今着ても少しも違和感のないモダンな魅力にあふれ、顧客たちのまだ十九世紀の名残のある服装との対比がおもしろかった。短い映画だが、シャネルの本質を理解し、ブランド再興を果たしたカール・ラガーフェルドだからこそ作ることのできたものと感じた。

シャネルはその他にも、コスチュームジュエリーやリトルブラックドレスなど、いろいろな面からモードの革命を行っているが、特にこのジャージー素材の起用については、その後のファッション全体のカジュアル化、ユニセックス化、ヤング化を大きく牽引したともいえるのではないだろうか。もちろんそこには、女性の社会進出という背景もある。

また、コルセットからの解放という意味では、ポール・ポワレ（一八七九―一九四四）に言及しないわけにはいかない。オートクチュールの創始者であるウォルト（シャルル・フレデリック・ウォルト）のメゾンで働いた後、一九〇三年に独立してパリに店をオープン。アール・ヌーヴォー風S字型シルエット（コルセットでウエストを締めているためにバストとヒップが突出し、側面から見るとS字型に見える）が全盛の時代に、コルセットなしで着用する直線的ドレスを発表した。しかも、西洋から見てエキゾチックな東洋（中東、インド、中国など）の文化を取り入れ、特にハイウエストのドレス（「ローラ・モンテス」）やキュロット・スカート、チュニックなどは、シャネルのジャージードレス、これまた今見ても魅力的なマドレーヌ・ヴィオネのバイアスカットのドレスと並んで、同時代の革新的なモードのシンボルとなっている。またポワレは、オートクチュールメゾンとしては初の香水を発売。さらに、画家ラウル・デュフィがデザインしたテキスタイルによって室内装飾の分野にも進出し、その後のアール・デコ運動への先駆けになったといわれている。

ポール・ポワレがデザインした衣装（1925）
写真：Roger-Viollet / アフロ

フォルチュニィの「デルフォス」

さらに「身体の解放」という側面から、服飾史の中で見逃してはならないのが、マリアノ・フォルチュニィ（一八七一―一九四九）である。芸術家の父母のもと、スペイン南部のグラナダで生まれ、ローマ、パリと移るが、十七歳の時に家族で移住したヴェネツィアを拠点に生涯を通して活動したので、同時代のパリモードとはまた異なる環境や風土でその才能を花開かせた。特に、一九〇七年、三六歳の時に開発され、一九二〇年代前後に多く作られた「デルフォス」というプリーツのドレスによって、世界の服飾史にその名が刻まれている。

私が最初にこのフォルチュニィを知ったのは、一九八五年、ワコールが東京・青山にオープンさせた複合文化施設、スパイラルのオープン記念に同館のスパイラルホールで開催した展覧会、「フォルチュニュイ展　布に魔術をかけたヴェニスの巨人」であった。当時、業界専門誌の記者をしていた私は、ワコールの招待でオープニングに伺い、フォルチュニィのドレスのコレクターであったティナ・チャウのス

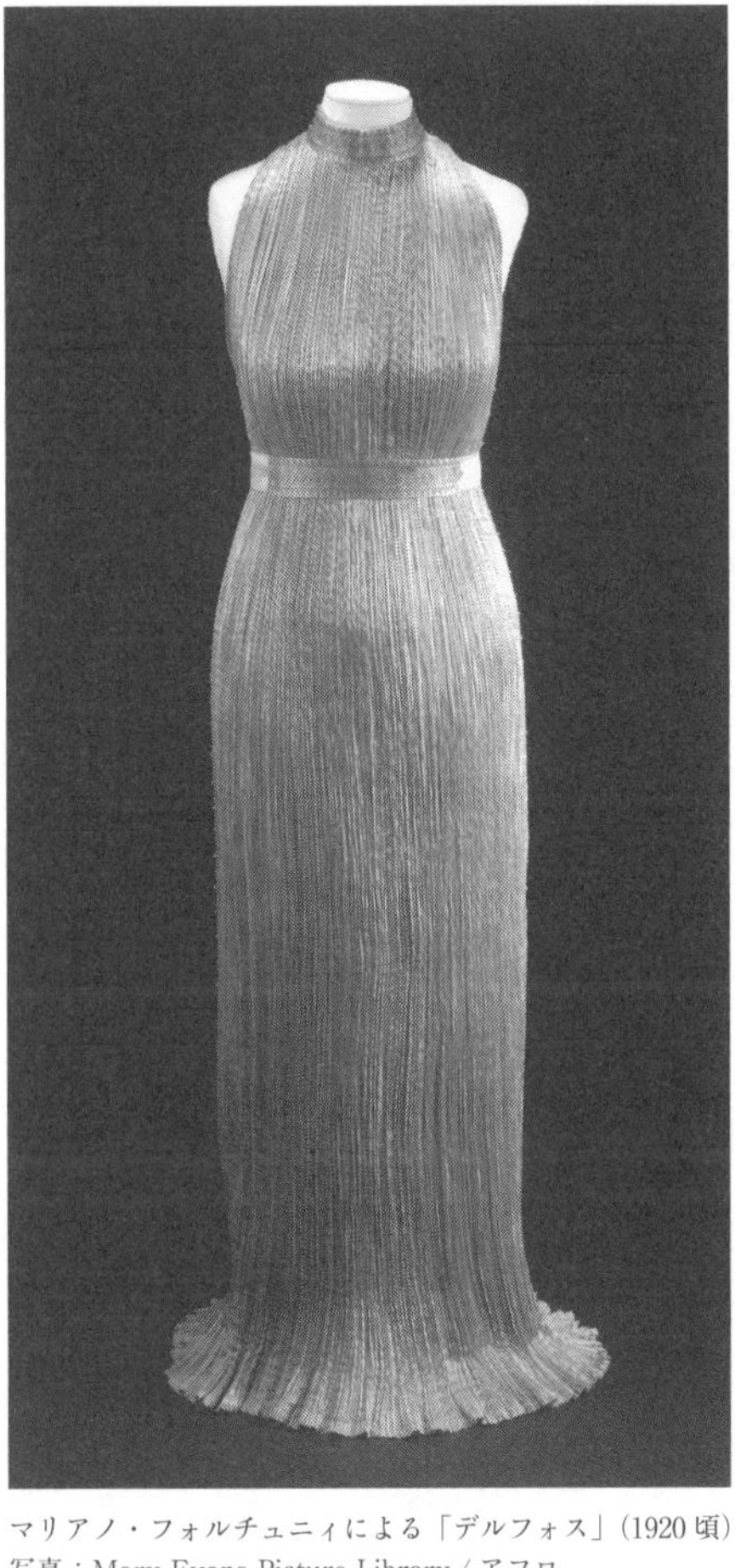

マリアノ・フォルチュニィによる「デルフォス」(1920 頃)
写真：Mary Evans Picture Library / アフロ

ピーチを聴いた。アメリカ人の父と日本人の母との間に生まれた彼女は、一九六〇年代から八〇年代にトップモデル（当時はティナ・ラッツ）として活躍し、ロンドンで中国系実業家マイケル・チャウと結婚後は社交界のミューズというべき存在だった（彼らのレストラン「ミスター・チャウ」は当時、京都にもあり、私も一度だけ店内に入ったことがある）。いくつもの文化のはざまを生き、晩年には病の中でスピリチュアルな生き方をした彼女が、フォルチュニィに魅せられたというのも何か納得できる。透明感のあるボーイッシュな魅力を放つティナに、フォルチュニィのドレスはよく似合う。

デルフォスを着たティナ。レストラン「ミスター・チャウ」にて（1979年）
写真：Penske Media / アフロ

この展覧会の記憶といえば、観覧後の歓談中、ワコール経営幹部の方に「どうですか?」と感想を求められたのに対し、どういう言葉を返していいか、うまく答えられなかった情けない自分のことである。「すてき」とか「着てみたい」といった率直な感想で応えればいいのに、いつもこういう時にどう表現していいかあれこれ考えこんでしまうのが、今も昔も私のだめなところだ。会場に立ち並ぶ色がきれいでシンプルなプリーツのロングドレスよりも、会場にたちこめているファッション業界特有の社交の雰囲気や、憧れの女性であったティナ・チャウの圧倒的な存在感に気をとられていたともいえる。

その後も、海外の展覧会などでフォルチュニィのドレスは単独では何度か観る機会があったと思うが、久しぶりにその仕事の全貌を改めて意識したのは、二〇一九年夏に東京・丸の内の三菱一号館美術館で開催された「マリアノ・フォルチュニ織りなすデザイン展」であった。何より印象的だったのは、彼が服飾デザイナーとしてだけではなく、画家、写真家、舞台芸術家、企業経営者と、多面的な表現を持っていた人物であり、そのすべてが関連しているという点にある。自邸だったヴェネツィアの家は、現在はフォルチュニィ美術館として開館されているという。

肩からすとんと床まで流れるようなシルエットの美しさ、絹ならではの光沢、微妙な色合いはもとより、裾などに小さなトンボ玉がいくつも縫いつけられ、その重さで自然に下に落ちるように工夫されているところや、また仕舞う時もプリーツをねじるようにまきこんで小さな箱に入れるようになっている、そんな機能的なところにも目が釘付けとなった。すみずみまで繊細な息づかいが感じられる。

もともと「デルフォス」の発案者は妻のアンリエットだったようで、彼女がそれを身に着けている肖像画がフォルチュニィによって描かれているが、一九四九年のフォルチュニイの没後に、アンリエットの意思によってその制作は終了している。

『失われた時を求めて』にも登場

中国や日本の絹を使った絹サテンに、特殊なプリーツを施したこの筒状のドレスは、ある種の東洋趣味を想わせるもので、もちろん十九世紀のジャポニズムの影響も受けているに違いないし、その後のアール・デコという流れにも通じるものがある。「デルフォス」以外にも、特に東洋の柄を施したベルベットのコートなどは、時代を超え、今でもそのまま着たいと思わせる魅力に満ちている。フォルチュニィの東洋的なものへの興味は、著名な画家で美術品コレクターだった父の影響もあるようだ。

ただ、この「デルフォス」は女性の身体のラインがそのまま出てしまうため、実際は夜会などのドレスとしてではなく、部屋着として家の中で着られていたようだ。限りなく肌に近いところで、あるいは肌に直に接しながら、それはどのような感触だったのだろうか。もともとコルセット全盛時代も、部屋着というのはコルセットなしで着るものであり、昼間のコルセットを外して身体を解放させるものであった。部屋着こそが、昼間のコルセットや拘束から解放され、自然な身体を取り戻すものであったのである。

「デルフォス」が部屋着として着用されていたことは、マルセル・プルーストの長編小説『失われた時を求めて』（初版一九一三年から刊行）にたびたび登場している。同作品は芸術文化にまつわる多くの固有名詞が登場し、さながら当時のハイソサエティな社会風俗の絵巻物のようだが、その中でもフォルチュニィのドレスは第五篇

「囚われの女」を中心に、「東方のものが充満しているヴェネツィアを再現」するものとしての象徴的なアイコンの役回りとなっている。

衣裳について言えば、そのころ彼女はとくにフォルトゥニーの作るものなら何でも気に入っていた。(中略)それはエルスチールがカルパッチョやティツィアーノのころの婦人たちの見事な衣裳の話をしてくれたときに、近いうちに豪奢な灰の中からよみがえってまた出現するだろうと予告したドレスだった。というのは、ヴェネツィアのサン゠マルコ寺院の円天井に書かれているように、またビザンティン式柱頭の大理石や碧玉の壺から水を飲む鳥たち、死と復活を同時に意味する鳥たちが高らかに告げているように、すべてはもどってくるものだからだ。(中略)このドレスはむしろ、セール、バクスト、ブノワらの作り上げた舞台装置のような趣きがあった。彼らはちょうどこのころバレエ・リュスで、芸術的に人々に最も愛されている時代を、その時代の精神に染まりながらしかも独創的な作品によって思い起こさせていたが、それと同じくフォルトゥニーのドレスは、忠実に古い時代を再現しながらも強い独創性をそなえており、ちょうど一つの装置のように、いや、装置は想像力に頼らなければならない以上、装置よりももっと強力に、東方のものが充満しているヴェネツィアを再演していた。

また、このような記述もある。「「部屋と言やあ、近いうちにきみが着るフォルトゥニーの部屋着のことを考えなくちゃね」と私はアルベルチーヌに言った。（中略）ただ、ヴェネツィアを浮かび上がらせるこういったドレスを見ると、パリに縛りつけられている私の生活はいっそう重苦しいものに見えた。その私に比べても、むろんアルベルチーヌの方がはるかに囚われの女にちがいない。ヴェネツィアにまだ行ったことのない私も、その空気を思い起こさせる」

フォルチュニィの「デルフォス」はもともと、古代ギリシャ彫刻（紀元前五世紀初頭に作られた「デルフォイの御者」で一八九六年にギリシャ・デルフィの古代遺跡から発見）の衣装から着想を得たもので、ゆったりとした締め付けのないスタイルやすとんとしたシルエットを特徴としている。コルセットを締め付けることによってウエストを細く見せていた十九世紀の視点からすると、実に画期的な衣装だったのである。同時に、このギリシャ風ドレスは、十九世紀末にイギリスでおきたファッションの変革運動にも関連している。十九世紀後半、ギリシャのタナグラを中心とする地域で、ドレープの衣服をまとった女性の小さなテラコッタの彫像、「タナグラ人形」が大量に発掘された。アーティストがこれを題材に創作をしたことによって、知的エリート層や新興ブルジョワ層の間で話題となり、徐々に人気が広まっていったようだ。舞踏家のイサドラ・ダンカンが、一八九九年にアメリカからロンドンに上陸し、ギリシャ彫刻を研究した上でギリシャ風ダンスを披露する。翌年にパリに拠点を移してからは、古代ギリシャのチュニック（貫頭衣）をコスチュームに体の自由な動きを見せた。こういったことを背景に、ポール・ポワレが一九〇六年頃からコルセットを着けないドレスの製作を始め、その影響で帝政時代風のハイウエストのドレスがリバイバルするのである。

プルースト自身がモード史に関する正確な知識を持っていたのに加え、同い年のフォルチュニィとは舞台芸術を通じて接点があった。二人はパリで会っていたかもしれないという仮説を論じているのは、プルーストを研究する文化学園大学の教授、勝山祐子氏である（論文「プルーストとフォルチュニィの交差点：『ビザンチン・ホール』とフォルチュニィの舞台照明」文化学園大学・文化学園大学短期大学紀要49より）。

「身体の解放」の役割を果たしたドレスは、それまでや同時代のクチュリエたちの服作りとはまた異なった角度から、総合芸術に刺激を受けながら生み出された新しいものだったと言えるかもしれない。布そのものが主役となり、光と影の移ろいを見せながら、身体と一体となって多様な表情を生み出している。時代を経て、三宅一生が一九八八年に発表した「プリーツ」（一九九四年から「プリーツ プリーズ」）もそれを新しい表現で継承しているといえるのではないだろうか。三宅一生に限らず、一九七〇年代からパリを拠点に活躍した高田賢三、そして一九八〇年代初頭にパリコレ（パリのプレタポルテコレクション）に進出した川久保玲、山本耀司と、日本のデザイナーたちがそれぞれに行った変革のベースに、当時の西洋とは異なる「身体の解放」があったことを忘れてはならない。その背景には少なからず日本の着物の文化が見てとれるのだ。

まったく話題は飛んでしまうが、個人的にこの「デルフォス」と共にいつも連想されるのは、学校時代の体操着である。デンマーク体操を昭和初期から取り入れていた私の母校である自由学園では、通常でいう体育の授業が体操の授業であった。上級生たちの着ていた、ギリシャ彫刻のような落ち感のあるドレープが入った体操着（ブルーのワンピース）を美しいとあこがれたものだが、中学一年生でいざ始めるというタイミングになぜか、ぽってりした厚手の素材の体操着に一新されてしまい、すっかり落胆したのを覚えている。以前の体操着のように身体の線が露わになることはないが、皆一様に小太りのずんぐりむっくり体型に見えてしまうのであった。

造形と自然——。世界の服飾史の流れを見ると、この双方がいつも交互にやってくるし、また昔も今も、どちらかというと「造形」を好むタイプ、どちらかというと「自然」を好むタイプと、人の好みは二タイプに分かれる。そのいずれであっても、衣服というものが、身体に寄り添いながらも、ある意味では身体を、ひいてはその生き方を自由に変えてしまうものであることを改めて感じる。

「デルフォス」を着た、イサドラ・ダンカンの
養女リサ、アンナ、マルゴ（1920 頃）
写真：Roger-Viollet / アフロ

パジャマが着られるようになったのは

もともとは一アイテム、一スタイルの名称であったパジャマが、今や、ナイトウエア・ラウンジウエア領域、いやホームウエアの領域における総称、あるいは代名詞のようにも使われるようになったことは既に触れたが、もう少し掘り下げてみよう。

ある資料館の検索項目を例にとっても、「パジャマ」「部屋着」と検索した結果はそれなりの数が出てきたが、「ナイトウエア」「ルームウエア」と入れても検索結果はゼロになる。つまり「ナイトウエア」というより、「パジャマ」という言い方の方が断然浸透しているのだ。パジャマといえば誰もがユニセックスな前開きシャツスタイルの上下を連想するように、具体的な形をすぐに思い浮かべることができるが、実際はもっと広い意味で使われている。

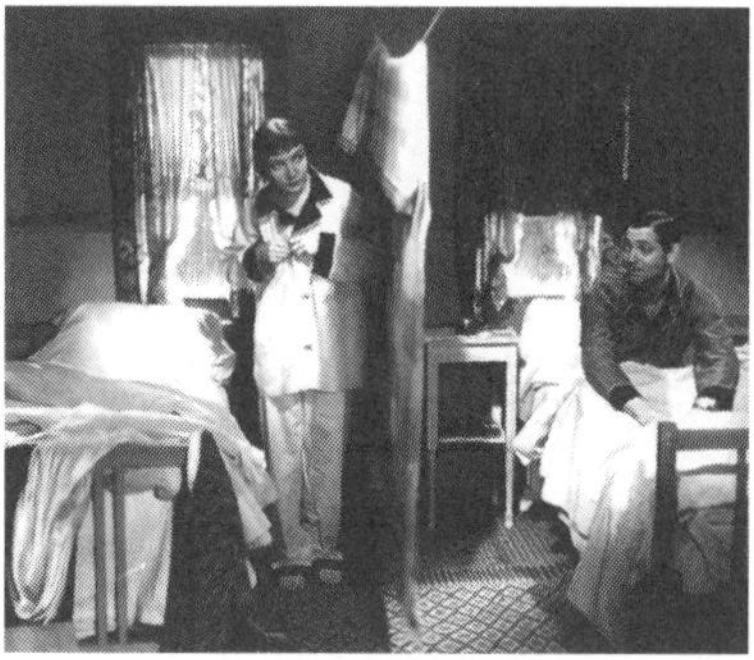

パジャマシーンで有名な1934年のアメリカ映画『或る夜の出来事』（監督フランク・キャプラ）

昔から誰もが慣れ親しんでいるそのパジャマが、近年、ちょっとしたブームともいえる現象を見せている。いまさらパジャマ？　と思われるかもしれないが、世界のファッションピープルたちに人気のブランドが次々に登場し、国内においてもパジャマを手掛けるメーカーや新規参入のブランドが増えているのだ。いわゆるスリープウエアとしてのパジャマに限らず、数年前はパリコレなどでラグジュアリーなパジャマルック（パジャマシャツやパジャマパンツ）が話題になったように、パジャマのようなゆるくリラックスした、しかもラグジュアリー感のあるファッションが今の時代をあらわしている。同時にパジャマというものの定義も広がり、アウターウエアとボーダーレスの着方をイメージさせるデザインで、多様なスタイルを見せるようになっている。パジャマにはなぜそのような普遍的な魅力があるのだろうか。

パジャマは異文化からもたらされた

まずパジャマという一つの衣服の歴史からひもといてみたい。そのルーツについては、書籍やインターネットで比較的容易に調べることができる。概ね以下のような流れだ。英語の〝pyjamas〟(パジャマ)、フランス語では〝pyjama〟(ピジャマ)。そのルーツは、多くの資料に記されているようにトルコやペルシャのイスラム文化圏にあって、その語源はウルドゥー語の〝paayjaamaa〟、さらにそれはズボンを意味するペルシャ語の〝payjama〟(「足」の意の〝pay〟と「衣服」の意の〝jama〟の合成語)にあるらしい。九世紀半ばから、夜着兼用のゆったりした室内用ズボンとして着用されたとされている。当時のパジャマとは、長いサッシュベルトを巻いたチュニックにゆったりしたズボンを合わせるスタイル。ヨーロッパではまだ裸か外着のままで寝ていた時代に、オスマントルコの富裕層の間では既に夜着を身に着ける習慣があったというわけだ。以後、インドの民族衣装として定着していたが、一八七〇―一八八〇年代、インドに駐留していた英国人兵士たちが本国に持ち帰ることによって、ヨーロッパに紹介され、動きやすいスタイルとして二〇世紀初頭から広まっていったという。確かに、十九世紀を描いた時代物の映画などでは、男性も夜はまだズボンをはかず、上下がつながったスモック風の長いシャツドレス（スリーパー）を着ている印象がある。次第に女性たちの間にも少しずつ広まり、一九二〇年代にはいわゆるユニセックスファッションの流行と共に、男性の服であったズボンをはく女性も増え、夜に着用するパジャマも素材、色、柄、装飾などが多様化していく。一九二〇年代といえば、ひざ丈のスカートに短めのボブカット、バストラインもフラットなシルエット。当時、大正時代の日本でも、モガモボが街を闊歩した時代である。

それ以前にヨーロッパでは家の中で何が着られていたかというと、これはもちろん貴族階級などごく一部の人たちに限られるが、十八世紀から十九世紀にかけての室内着であるネグリジェ（シュミーズ・ドゥ・ニュイ）、さらにはティーガウン、ドレッシングガウンなどがあげられる。いずれも女性がコルセットを外すホッとした時間だったのである。活動的な夜着であるパジャマの習慣は、ヨーロッパと同時にアメリカにも伝わり、世界にはむしろアメリカ経由で広がって行ったようだ。『ねむり衣の文化誌』（睡眠文化研究所・吉田集而著、二〇〇三年、冬青社発行）には次のような記述がある。

ねむり衣の中で最も重要なものはパジャマであろうと考えている。世界への伝播がアメリカ経由であることも象徴的である。パジャマの世界への普及と近代工業化社会への変化とは軌を一にしたものであった。パジャマを受け入れた社会は、まさに近代化のシンボルとしてのパジャマを着たのである。それゆえ、世界のどの地域にもパジャマは進出していった。

特に日本の戦後高度経済成長期には、豊かさの象徴であるアメリカのTVホームドラマに、強烈な憧れを抱いた人たちも少なくなかったであろう。登場人物たちが住む家や、大きな冷蔵庫、身に着けている衣服、そして夜のパジャマ姿は観る人に刺激を与えたはずだ。

ホームウエア（ナイトウエア、ラウンジウエア）の文化は、今でもアメリカやイギリスからの発信力が強いと感じる。真に美しいものは職人芸の伝統をベースにしたフランスやイタリアにはかなわないかもしれないが、スポーツウエア（上下を組み合わせるスタイルの、動きやすい既製服）の伝統の上に立ったアメリカのものからは、実用性合理性も含めて現代的な憧れのライフスタイルが伝わってくるのである。一九七〇年代後半、ハナエモリのアメリカ進出に携わった後、ニューヨークの高級大型専門店「バーグドルフ・グッドマン」でインティメイトアパレル（インナーウエア）のバイヤーをしていた上田富久子（ファッションビジネスのコンサルティング会社、サヴィ・スリー創始者）によると、当時のナイトウエアは多様な種類があったという。スリープウエア（スリップドレスとローブのアンサンブル中心）、ホームウエア（モデルコートと呼んだ前開きAラインのワンピースなどのラウンジウエア）、ホステスガウン（ホームパーティの時にゲストを迎えるドレス）などに分かれていて、それらは外で着るドレスとはまた違う雰囲気を持ったものであり、それぞれの場で身に着けるものを変えることが豊かさのあらわれだったのである。ユニセックス感覚のカジュアルな「カルバン・クライン」が登場する前の話だ。家の中の調度品やカーテンなどのインテリアも数年おきに変えるようなお国柄とは、しょせん住環境が違うといってしまえばそれまでだが、早くからインテリアも身に着けるものも女性のライフスタイルを演出するものであった。

また、年に一度はパリから足を延ばしているイギリスでも、この分野の豊かさを感じる。ロンドンでファッションの先端を見るならここといわれる百貨店、「セルフリッジズ」のランジェリー売り場（「ボディスタジオ」という売り場名で、広いスペースにブラジャーからスポーツウエアまでを幅広く展開）に足を踏み入れると、レース使いを中心にしたセクシーでエレガントなナイトウエアと、ニット系を中心にしたカジュアルなラウンジウエアタイプとに大別されたなかで、多くのブランドがひしめきあっている。個性的な独立系デザイナーのブランドが多い。

日本では洋装化の中で男性と子供が先行

では、日本では人々がいつ頃からパジャマを着るようになったのだろうか。日本に入った時期については確定できないが、里見弴が一九二〇年に発表した小説『桐畑』の中で、「手早く縮《ちぢみ》のパジャマに着更へて」という記述があることから、既に大正時代にはその名が使われていたとされている。私も、大正時代か昭和初期に描かれた洋画で、赤い格子柄のネルのパジャマを着た女性の絵を見たことがある。誰の絵画だったか忘れてしまったが、いわゆるモガの女性を描いたものだったと記憶している。

実際に『桐畑』を読んでみると、この「パジャマ」を着ているのは女性ではなく、男性であることが分かった。大正九年の新聞小説として発表された同作品は、主人公の「私」である「信三郎」と、兄弟のように育った「岩本」が同じ女性を好きになってしまう、いわば三角関係（女性は五人変わる）の心のあやのようなものを描いたものなのだが、恋愛の生々しさはあまりなく、当時の中産階級の生活や風俗が垣間見られて興味深い。「パジャマ」が登場するのは後半、昔の恋人の幽霊が新婚の信三郎夫婦の家に夜登場する場面だ。「起きあがって、ゆかたの前を引き合わせて、床の上に坐って了った」妻に対し、「手早く縮のパジャマに着更へて、改めて妻の顔を見た」のは、夫の方である。女性より男性の方が洋装化が進んでいることは、この小説の中でも全体を通して明らかであった。ちなみに里見弴のいくつかの作品は、家族をテーマに映画を撮った小津安二郎の映画の原作となっている。そんなことをいろいろ想いめぐらせていたら、我が家にある古い婦人雑誌の資料を思い出した。母が長く保管しておいた祖母の遺品の中から見つけたもので、『婦人之友』昭和十年新年号のカラー付録「一人分一軒分持ち物標準図解」と名づけられ、A3程の大きさ（雑誌に折りたたんではさまれたものであろう折り目がついている）が七枚。婦人・紳士・子供に分かれた季節別の衣類の他、家の中が居間・食堂・台所・子供部屋・

書斎・玄関・洗面所・浴室・物置と、部屋別に克明に持ち物が図解化されている。『婦人之友』といえば、婦人雑誌の草分けとして、新聞記者出身の羽仁もと子・吉一によって一九〇三（明治三六）年に創刊された（『家庭之友』を後に改題）。この図解は今和次郎「考現学」にも近い雰囲気があるが、同誌の場合はもともと家政に対する予定生活の考え方から創刊されたこともあり、こうでありたいという生活の理想像といったものがベースにあるのが感じられる。昭和初期当時、茶道の先生をしながら女手一人で母を育てていた祖母は、そのモダンで合理的な新しい考え方に影響を受けていたのだった。大正末期に夫の赴任先であった北海道で夫が病死した後、故郷熊本に戻り、茶道の家元をしていた父親（つまり私の曽祖父）の家の敷地内に家を建て、学校に勤める独身の女性教師数人を下宿させていたこともあって、日々の生活をどうマネージメントしていくかは大きな課題であったに違いない。

それはさておき、この時代がかった『婦人之友』のカラー付録で、下着や家着の部分がそれぞれどうなっているかを確認してみると、おもしろいことが分かった。まず婦人物についてはその外着の洋服類と同様、スリップ（外出用クレープデシン、ベンベルグ）やシミーズ（スリップよりも肌着に近い）をはじめ、既にブラジャーもあり、コルセット（ガーター付き筒形ガードル）、コンビネーション（メリヤス、毛）、ボトムはブルーマーにパンティと、すっかり洋装化されているが、寝衣だけは和装で、タオル二枚、浴衣二枚とある。

紳士物は、シャツ、ズボン下、パンツなどと共に、冬はネルパジャマだが、夏は家着と寝衣それぞれに浴衣、春秋は家着としてセル（平織りの先染めウール）の着物が描かれている。昔の小津映画に出てきた、背広姿で帰宅した（笠智衆演じるところの）お父さんが家では着物でくつろいでいるというようなシーン。まさにあれである。

子供用は、女児の下着がパンツをはじめ夏用がスリップやシミーズ（トップス）、冬が上下つながったコンビネーションで、ねまきは男女共に夏冬兼用としてパジャマの図が描かれている。大正末期に生まれた私の母も、アルバムに残っているように、特別の行事以外は子供時代からすべて洋装である。

『婦人之友』の場合はこの点数が重要で、衣も住も少ない数でシンプルに暮らすことが理想とされていた。ちなみに私の祖母（明治三二年生まれ）は真夏にワンピースになる以外は和装を通し、夜も浴衣であった。この図解では、衣も住もかなり洋装化が進んでいるように見受けられるが、同誌は戦前における中産階級の一つのモデルとして見るべきであり、日本全体からすると現実にはかなり格差があったことはいうまでもない。特に婦人の服装については、同誌は大正時代の早くから合理的な

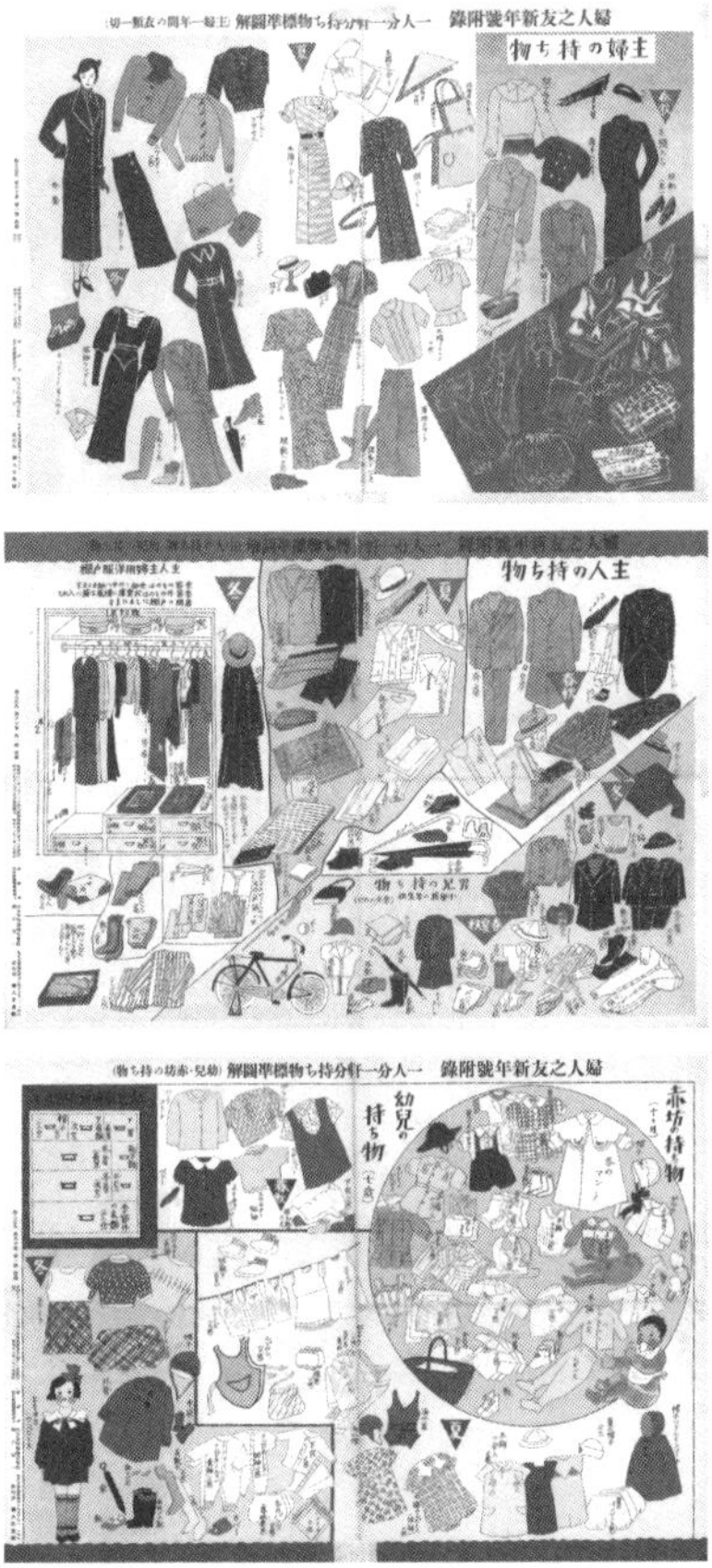

『婦人之友』（昭和10年新年号）カラー付録「一人分一軒分持ち物標準図解」——「主婦一年間の衣服一切」——「主人の持ち物・男児の持ち物」——「幼児・赤坊の持ち物」

洋装を提唱していた。

いずれにしても、日本人の寝衣としてのパジャマの浸透は、洋装化の歴史と同様、男性と子供が先行し、女性がその後を追ったと考えてよいのではないだろうか。男性と子供が先行した理由はいうまでもなく、明治時代の軍服に端を発した制服の浸透に他ならない。女性の間にパジャマが本格的に浸透するのは戦後であるが、特に人気が高まるのはファッションのカジュアル化が進んだ高度成長期だったといっていいだろう。女性のパンツルックが、街着として今日のように年代に限らず当たり前になったのは、まだほんの数十年の話なのである。

モードの歴史にも度々登場

話を再び世界へと移してみると、女性のモードの歴史に登場するパジャマについても無視することができない。エポックメイキングなのは、二〇世紀初頭、コルセットからの解放を提唱したポール・ポワレの、昼夜着用できるパジャマルック。当時としてはエキゾチック、つまり東洋的な雰囲気であったパンタロン（ズボン）をモードに取り入れたのであった。

続いて、ココ・シャネルがシルクサテンなどで作ったオートクチュールのイブニングパジャマはよく知られ、後世に影響を与えている。既に二〇世紀前半から パジャマは単なるネマキではなく、ビーチ・パジャマと名付けられたものもあり、ビーチや街でも身に着けられるスタイルへと昇華されていた。

時代を経た一九六〇年代には、これはあまり一般的に知られていないが、ローマを拠点に活躍したロシア出身のデザイナー、イレーネ・ガリツィンの「パラッツォパジャマ」（宮殿で着るような上下そろいのパンツスーツ）といったものも登場する。ジャクリーン・ケネディの親友だった人らしく、ジェット族である当時のセレブたちの間で人気があったらしい。今でも「パラッツォパンツ」というと、リッチなシルエットのエレガントで快適なはき心地のワイドパンツを指し、まさに近年流行したスタイルとなっている。

二〇一〇年代後半も、シャネルのパジャマクチュールともいうべき伝統を推進しているようなグラマラスなパジャマブランドが登場し、海外セレブの間では話題になっていた。上質なシルクプリントを特徴とするブランド（五百ユーロ、千ユーロといった価格帯）もあるし、ファッション業界でキャリアを磨いた人が新たにパジャマブランドを始めるケースも少なくない。ロンドンの老舗百貨店リバティでは、多彩なリバティプリントのラグジュアリーなシルクパジャマをそろえた売り場が圧巻だった。

いずれにしても、ヨーロッパの遺産と服飾文化の上に立ち、ラグジュアリーなホームウエアの分野に新しく参入するブランドが少なくない。イタリア製の「Morpho + Luna（モルフォ プラス ルナ）」（本社はロンドン）は、ブランド創立者セシル・ガヴァッツィさんの先祖がシルク業を営んでいたことを背景に、コモ産シルクを贅沢に使ったパジャマを中心にしながら、しなやかに生きる現代の女性の生き方を象徴するような世界を見せている。

このようなパジャマクチュールとは少々異なるが、近年、日本のファッションピープルにも影響を与えていたのが、インターネットではもちろんのこと、日本のセレクトショップなどでも販売されていた「スリーピー・ジョーンズ」。バッグブランド「ケイト・スペード」を妻と一緒に創始したアンディ・スペードが、二〇一三年に、そこで一緒に仕事をしていた数人とニューヨークで立ち上げたブランドで、レディスだけではなくメンズも充実している。ミュージシャンやデザイナー、アーティストたちのライフスタイルに合う普段着というブランドの世界観が、ビジネス成功の秘訣となっている。ただ、こういうトレンドは大きなうねりになるものではなく、いろいろなところに種がまかれ、また次の現象を生むといった印象がある。

ヨーロッパではラグジュアリーなホームウエアブランドが次々に登場しているが、その中心となっているのがシルク素材のプリントパジャマ。「Morpho + Luna」

いずれにしても近年話題のパジャマブランドは、いずれも従来の狭義のスリープウエアとしてのパジャマではなく、パジャマをファッションアイテムとしてとらえ、幅広いシーンで着用できるというのが特徴となっている。ゆったりとリラックスした雰囲気が共通項だ。婦人服でも、特に二〇一九年春夏シーズンはパジャマっぽいプリントのパンツが流行していた。だいたいプリントのパンツというだけで、パジャマに見えてしまう。デジタル技術の進歩によって、近年はプリントでオリジナリティを出しやすくなっているので、婦人服もパジャマもプリントが多彩さを増している。

私自身のワードローブをのぞいてみても、シルクプリントのパジャマ、それも上衣のシャツの方は、スリープウエアというよりは、外着に軽く羽織るカーディガンとして重宝している。ある意味ではスカーフやストールのような感覚の使い方といったらいいか。時代を超えたタイムレスな楽しみ方ができるアイテムなのである。

下着あるいは家の中で身に着けるホームウエアが、アウターウエアとして外で着られるようになるという歴史が、過去何度も繰り返されているという事実は、モードの歴史の本に明らかだ。その背景には共通して自然主義、あるいは快適性重視や体の解放、さらにはジェンダーレスともいえる時代の空気がある。まさにそういった時代の意識の変化がパジャマ文化を生んでいるのではないだろうか。

世界のホームウエアをリードするスイス生まれの老舗ブランド HANRO（ハンロ）

ランジェリーにおける世界の代表的なラグジュアリーブランドとして、世界各都市に直営ブティックを持つ「HANRO」。十九世紀後期の創業者のヴィジョンを脈々と受け継ぎ、今も“Pure Luxury on Skin”を踏襲している。「HANRO」のラグジュアリーとは見た目の華やかさではなく、身に着けた時にわかる真の贅沢感といえる。1990年代にオーストリアの企業グループの傘下に。日本との縁も深く、1981年からワコールが輸入販売を行っている。

次頁：ハンロのナイトウエアの変遷

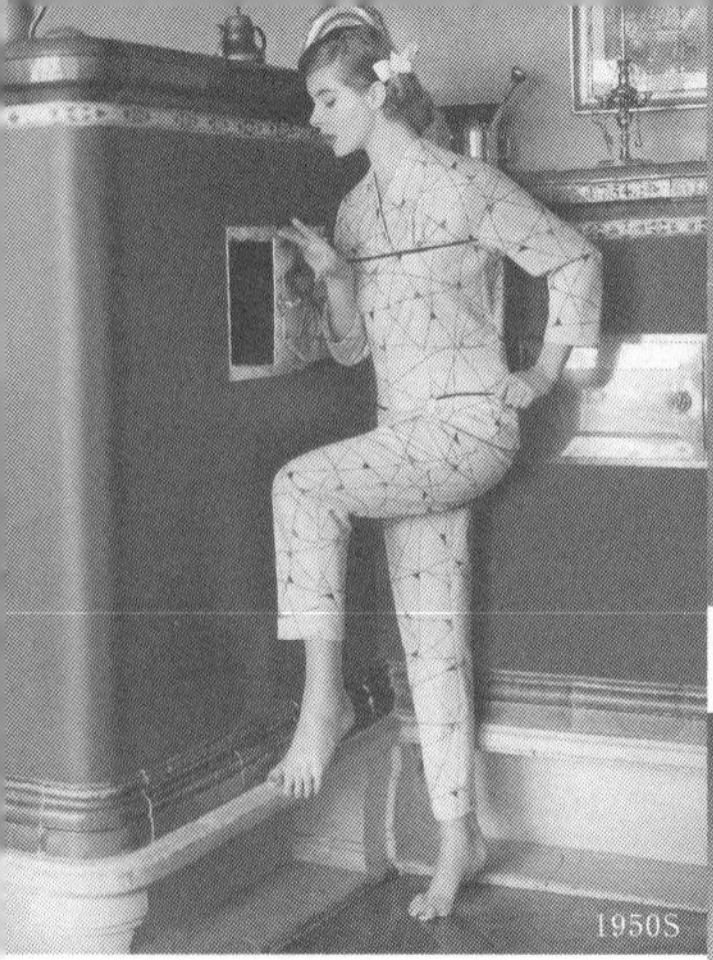

1950S

1970S

Unnachahmliche Hanro-Dentelle. Das Uni-Träger-Modell mit assortiertem Bettjäckchen und das Bedruckte mit den romantischen Volants-Ärmeln sind beide aus pflegleichtem, feinem Wollgemisch.

1940S

1960S

1990S

1980S

1884年　スイス北西部のリエステルで、Albert Handschin と Carl Ronus という二人の男性がニットウエア工場を創業。

1910年代　二人の創業者にちなんだブランド名、「HANRO」の商標取得。丸編み技術のパイオニアであるとともに、早くから高品質で快適な天然素材の肌着を製造した。

1920年代　アメリカへの市場拡大など、国際化がスタートする。からだを温かく保つ最高級のウールやシルクの丸編みボディスーツは、後のファッション性の高いランジェリーへと発展。

1930年代　現代的な女らしさの発見。創業者の孫、Madeleine Handschin が超軽量のブラや、水着などのスポーティなレジャーウエアをコレクションに加える。

1940年代　第二次世界大戦の厳しい時期。ウールは配給性となり、セルロースから作られたヴィスコース素材を導入。

1950年代　エレガントなネグリジェとナイトガウンで、世界中の女性の間で知名度をあげる。ハリウッドスターの魅力が、HANROのランジェリーコレクションにも反映されている。『七年目の浮気』の名シーンで、HANROのランジェリーを着たマリリン・モンローもその代表例。

1960年代　工場内のラッセルレース機がフル回転。カラフルな色と花をモチーフにしたラッセルレースのランジェリーが人気を得る。

1970年代　水着やビキニスタイルのブラジャーなどで、インナーウエアのアウターウエア化が進行。スポーツの要素もとり入れた自然志向は、いつまでも

1980年代

若くありたい女性の願いに対応する。HANROのモットーである「原点回帰」にもとづき、最高級シルケット加工を施したコットンのトップスを発表。映画『アイズワイドシャット』でニコール・キッドマンの着用したコットンシームレスのキャミソール（極細のスパゲッティストラップ）は、ベストセラー商品となり、ブランドイメージをゆるがないものにした。

1990年代

オーストリアの持ち株会社、Huberグループ（本社 Götzis/Vorarlberg）の傘下に入る（1991年）。HANROが長年培ってきたものづくりをベースにしながら、世界のラグジュアリーランジェリーブランドの地位を推進する。

2000年代

ラウンジウエアの重要性が増す。新世紀のライフスタイルやカジュアルなトレンドを反映し、インナーウエアとアウターウエアの境界がますますあいまいになる。

2010年代

2014年にHANROブランド130周年。2016年には、世界の代表的なランジェリーブランドが一堂に集まる「パリ国際ランジェリー展」にて、最もプレステージの高い注目ブランドに送られる「デザイナーオブザイヤー」受賞。

2020年代

〝サスティナビリティ（持続可能性）〟が重要なテーマとなり、セルロース繊維のテンセル®を導入。また、肌着やナイトウエアという領域が変化を見せていることから、Individualsラインを中心に、昼と夜、家の中と外という従来の枠組みを超えた新しいスタイルを提案している。

戦後日本はナイロンのネグリジェから

次は、日本国内におけるナイトウエアの草創期について見ていきたい。もちろん、そのベースには世界のナイトウエアの歴史があるわけだが、それをつまびらかにしていると途方もないことになり、終点にたどりつけなくなるので、この本ではあくまで日本を軸足に置くことにする。

第二次世界大戦終結後、この国はものすごい勢いで復興を果たした。欧米へのあこがれと共に、人々の生活が大きく変わっていった時代。ファッションへの強い欲求の中で、表には見えにくいナイトウエアにも新しい風が吹いていた。もちろん「ホームウエア」という成熟の時代にははるか遠いが、ここに現在のルーツがある。

終戦直後にメーカーが次々と誕生

終戦直後はGHQの統制下、食糧も衣料品も配給制で、多くの物資が全国の闇市で売られていたという時代だが、そんな中でいち早くアメリカ文化の影響を大きく受けたファッションも登場した。当時の流行をリードしたのは、進駐軍相手の娼婦だった。彼女たちは髪にパーマネントをかけ、パッドの入ったいかり肩と細いウエストを強調するペプラムジャケットにショートスカート、ハイヒールや首に巻いたネッカチーフという流行のアメリカンスタイルで人目を引いた。

今から約三〇年前、年号が昭和から平成に移った直後だったか、世の中には昭和という時代を見直そう、記録しようという機運があり、その中で私は下着専門店という業態がどのように生まれたのか、当時を知る残り少ない全国の店主を取材して回ったことがある。商品供給側も含めて古くからその商売にかかわってきた人たちの話に共通していたのが、終戦直後のファッションをリードしたのは進駐軍相手の娼婦となった女性たちであり、日本全国にあったアメリカ軍基地周辺を中心に、おしゃれな下着を扱う専門店が登場したというのであった。こと下着においては、娼婦がファッションリーダーというのは西洋の歴史でも定説となっている。下着専門店では、ブラジャーやコルセットといったファンデーション、大きくふくらんだスカートの下にはくパニエ（ペチコート）をはじめ、ナイロンが登場する以前は人絹あるいは絹のスリップやネグリジェなどが売られていたようだ。当初はアメリカからの輸入ものが多かったが、一九四六年あたりから国内繊維産業の再開も相次ぎ、この年にワコールが、和江商事の名で京都の地で創業している。蚕糸・紡績業の郡是産業から発展したグンゼも、メリヤス肌着の生産を宮津工場で開始している。次第にナイトウエア専業メーカーも登場するようになり、渋谷を拠点に半世紀の歴史を刻んだ今はなきビアンというメーカーは、一九五〇年（昭和二五年）の創業だった。

女性たちのおしゃれへの願望の強さをあらわすように、洋裁学校全盛期の一九五一年には、和装と洋装の比率が戦前と逆転し、洋装の女性が大幅に増えたと記録されている。多くの女性が洋裁学校で洋裁をたしなみ、それは女性の職業の選択にも影響した。その中にはインナーウエアやナイトウエアの縫製にたずさわる女性も少なくなかったに違いない。日本は伝統的にショーツやポーチなどの小物のものづくりが得意だが、そういう細かい作業は女性の内職がカバーしていた面もある。大手の縫製工場とは別に、日本のアパレル産業の成長を陰で支えたのは、こういう全国に散らばる女性たちによる家庭での内職だったといえるだろう。

ネグリジェが人気で百貨店の婦人下着売り場も華やかに（大阪の百貨店、1959年）提供：朝日新聞社

一九五一年には、ファッションデザイナーの重鎮である森英恵が、新宿に「ひよしや」をオープンしている。森英恵といえば、一九五〇年代の日本映画全盛期の女優さんたちの衣裳を担当したことで知られ、四百本にものぼる映画の衣裳を担当したという。シネモードというように、ファッションや下着における映画の影響はよくいわれることだが、古い日本映画の中でネグリジェ姿のシーンを何度か観たような記憶がある。モダンな西洋

化のシンボルではあるが、映画の中ではどちらかというと、色っぽい隣の奥さんといった設定が多いような気がする。つまり西洋化の波に対する当時の人々の多少困惑ぎみの様子もそこに反映されている。

いずれにしても、住環境はまだまだ昔ながらであっても、着るものから洋装化が進み、人々のおしゃれに対する欲求は加速していった。これもある意味ではアメリカ経由といえるが、一九四七年に発表されたディオールの有名なニュールック（ゆったりなだらかな肩と胸、細いウエスト、裾に向けて広がったスカートという、8の字型の新しいシルエット）をはじめとするパリモードが、女性たちの体型（プロポーション）意識を加速させ、それが一九五六年の第一次下着ブーム、それ以降の本格的な下着ブームへとつながっていく。つまり流行の洋服を着こなすためには、下着でボディラインを整えるのが必至というわけだが、ナイトウエアはそういう体型補正から自由でありながらも、見えない衣服にも関心が向くという意味で下着ブームの恩恵を確実に受け、下着メーカーはブラジャーやガードルだけではなく、ナイトウエアにも事業を拡大するようになる。

軽くてうすい新素材、ナイロンが登場

一九五〇年代からスタートしたようなナイトウエア専業メーカーは、今はそのほとんどが廃業し、跡形もないに等しく、ナイトウエアに関する資料も遺されていない。そのような中で歴史的な資料を系統だって保管しているのはワコールである。

同社が保存する古いナイトウエアの商品情報に、一九五七年八月「ワコールニュース」に掲載されている新製品紹介がある。ナイロンサッカーにナイロントリコットのフリル刺繍をあしらったショート丈のネグリジェ三二〇〇円。胸と衿のフリル、リボン通しレース、サテンリボンが付いたかわいらしい雰囲気のコットン（40ブロード）のネグリジェ一五〇〇円。胸ヨークの切り替え線にスモック刺繍とケミカルレースを飾り、たっぷりとギャザーをとったナイロンパイルのネグリジェ四八〇〇円――。という具合に続く。なんといっても驚くのはその価格帯で、千円台から三千円台、高いものになると五千円台まであり、今のボリュームゾーン（普及価格帯）価格と大差はないといってもいい。一九五七年といえば、大卒銀行員初任

給が一万二七〇〇円、国家公務員が九二〇〇円。新聞購読月三三〇円、はがき五円、国鉄初乗り十円、映画封切り一五〇円という具合に、現在よりゼロが一つ少ない物価、つまり一割ほどに過ぎなかった時代に、このナイトウエアの価格帯はかなりのものである。

ネグリジェの語源は、フランス語「négligé」（無造作な、かまわない、ぞんざいな、雑な）から来ていて、もともとはワンピース型の薄手でゆったりした部屋着や化粧着を指し、十八・十九世紀には男女共に着用していたが、二〇世紀以降は女性のスリープウエア（寝間着）として定着した。ワコールの資料によると、一九五〇年代後半から一九六〇年代にかけてのネグリジェは、綿ブロード、アセテート、ベンベルグ®（コットンリンターを原料とする再生繊維で旭化成が商標登録している）もあるが、主素材としてあげられるのはナイロンである。

アメリカのデュポン社が一九三五年に開発したナイロン。日本では当時の東洋レーヨン（現、東レ）が同社との技術契約（特許契約料三百万ドル、当時で十億円強）により、一九五一年（昭和二六年）に本格生産を開始している。一九五二年には国産ナイロンのストッキングをはじめ、ナイロン製品が登場し、翌年には透けるナイロンのブラウスなども流行している。一九五五年（昭和三〇年）にはナイロントリコットのスリップが発売。次第に、ネグリジェなどのナイトウエアにも多く使われるようになっていく。

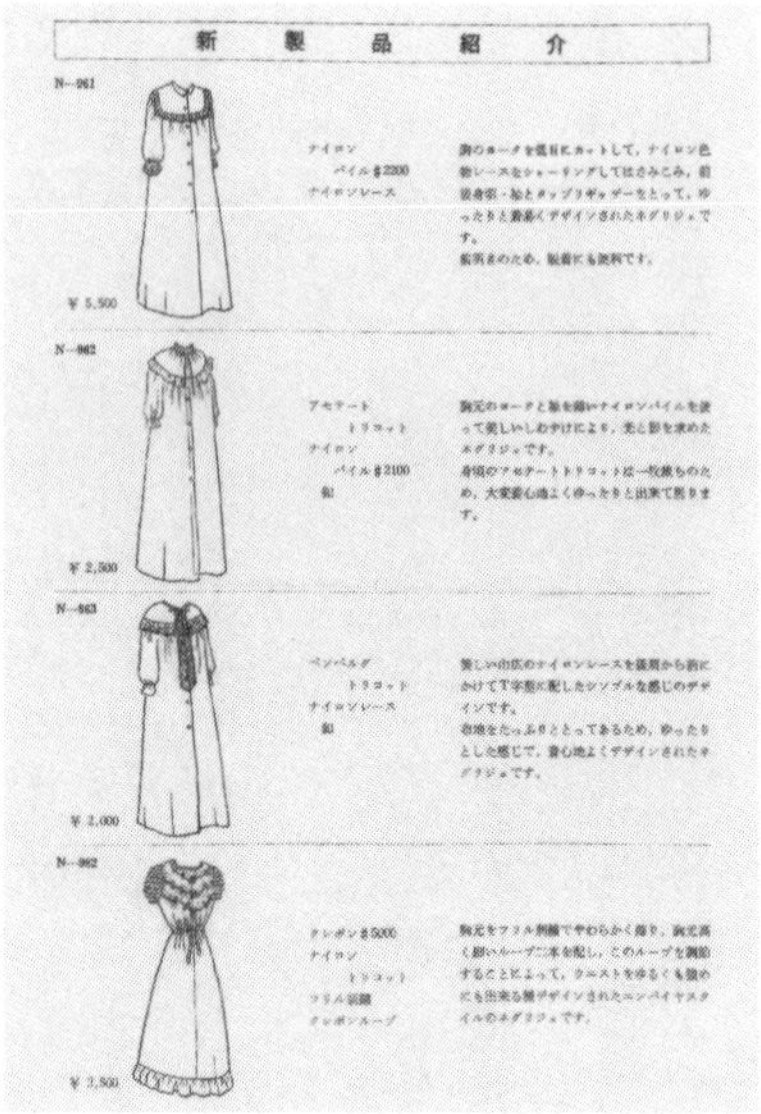

「ワコールニュース」1957年8月号より

日本の下着の革命児として、一九五五年（昭和三〇年）に自らの下着メーカーである「チュニック」をスタートさせた鴨居羊子。彼女もまた、ナイロンという新素材によって、カラフルで前衛的な新しい下着の世界を世の中に投げかけたのであった。ナイロンの特性である軽さや透け感、発色性の良さなどは、スリップやショーツをはじめとする自由な下着の表現には欠かせないものだったのである。

ちなみに日本でナイロンの生産が開始された一九五一年というのは、（戦前戦中の一九三三―四一年に続き）日本の綿糸布輸出が世界一となった年でもあり、その地位は一九六九年まで続いている。

日本の代表的な素材メーカーの前身の多くは、社名に「紡績」の名が入っているように、日本の綿織物工業には古い歴史がある。まさに国策として発展をとげ、大正元年時点では紡績業が全産業の五割を占めていたという。第二次世界大戦後は途上国の追い上げに伴って、日本は輸出国から輸入国へと転じ、高度経済成長期以降、日本の繊維産業も労働集約型から知識集約型として変化を見せていくわけである。世界の繊維産業は今や中国が主要生産国となり、インドネシアなどアセアンも伸びているのは周知の事実だ。

ネグリジェで夢のある洋風生活を啓蒙

馬喰横山の有力問屋であるエトワール海渡では、昭和三〇年（一九五五年）代初頭、ネグリジェのファッションショーを開催したことが記録されている。下着のファッションショーといえば、ワコール（和江商事）が一九五二年（昭和二七年）に大阪・梅田の阪急百貨店で開催したのが国内初であるが、それはブラジャーやコルセットなどのファンデーションが中心であった。エトワール海渡はもともと装身具からスタートしたが、顧客が欲しい商品をすべて一か所でそろえられる便利な店を目指し、エプロンやブラウス、ネグリジェもという具合に、自社企画のオリジナル商品を扱うようになっていった。衣料品全般にわたり、それまでは間に問屋が入っていたが、メーカーと小売店が直接取引する形へと変化するようになったことも、問屋の自店ブランド開発に拍車をかけた要因である。そのように扱うアイテムが増えていく中で、お客から「ネグリジェとは何か」という質問が増えたことをきっかけに、家で使う小物雑貨やエプロンなどと一緒に、ネグリジェのファッションショーを本館ホールで開いたという。小売店の客を対象に一日二―三回、一回に二百人の来場者があり、ショーの後にオーダーをとる受注会スタイルであった。後に一九五九年のミスユニバース世界大会で栄冠を獲ることになる児島明子もモデルとして出演している。

ネグリジェという目新しいアイテムは、決して必需品ではなかった。しかしながら、それは「もはや戦後ではない」（一九五六年『経済白書』）といわれ、高度経済成長期を突き進もうとしていた昭和三〇年代初頭における、日本の希望の星のような存在であったといえるのではないだろうか。

これまで、寝間着といえば、着ふるしたものを利用する習慣がありましたが、人生の三分の一にあたるこの時間をもっと楽しくすごすためにと、最近、美しいネグリジェの需要が非常に多くなりました。ワコールのネグリジェは、それぞれ持味をよく生かして美しくデザインされて居ります。

この一文はワコールの「一九五八年総合カタログ」に書かれているものだが、当時のネグリジェに対する期待のようなものがうかがえる。特に「人生の三分の一にあたるこの時間」という表現は、その後も多く同社の印刷物で見られるだけではなく、一般に寝装品分野の常套句にもなっている。

ちょうど今の「パジャマ」のように、当時の「ネグリジェ」はおしゃれなナイトウエアの総称的な意味合いで使われていた節があり、上衣は長めの丈ながらズボンのついたパジャマスタイルを「セパレーツのネグリジェ」としている。では、いったいどんな人たちがどのように、いち早くネグリジェを身に着けていたのだろうか。

ワコールの話によると、舞台女優たちの楽屋着をはじめ、市井の庶民も銭湯への行き帰り（当時は自宅に風呂がない人も少なくなかった）などに着ていたという。昔ながらの住環境や習慣の中で、憧れの洋風の生活を着るものから取り入れていった熱い気持ちが伝わってくる。また同社では、新婚旅行、修学旅行（!）、観光旅行などの旅行需要に、軽くてシワにならないナイロンは便利であるという啓蒙の仕方をしている。いずれにしても、どこか他人の視線のある場面を意識したものとなっている。

同社でナイロンのネグリジェが開花するのは、一九六三年に発売した「フルフルネグリジェ」からである。「フルフル（froufrou）」とはフランス語で衣擦れの音をあらわす言葉で、昭和のシャンソン歌手・中原美紗緒が同名の歌を紅白歌合戦で歌っている。薄いベールのような布を二重に重ねたナイロンハーフトリコット（編機のおさを二つで編みこんだもの）に、レースやフリルをあしらうという具合に贅沢感が増した上に、ロング丈のネグリジェと上に羽織るペニョワール（ローブ）のロマンチックな組み合わせは、女性たちの目を引き付けたことだろう。ブラジャーなどファンデーションの啓蒙はどちらかというと身だしなみや体型を整えるという機能性に重点が置かれていたが、ベッドにネグリジェという洋風化の提案は、家での生活をまるで変えてしまうようなもので、幅広い層の女性たちに夢を与えていったのである。

かつて婦人洋品総合大型専門店として、ヤングファッションのリード役であった三愛は、銀座四丁目交差点のランドマークである三愛ビル（昭和三八年開業の三愛ドリームセンター）に先立ち、一九五八年（昭和三三年）には西銀座デパート内に総売り場面積六〇〇坪の大型店をオープンした。一九六二年（昭和三七年）に統合した地下二階には一五〇坪の下着売り場ができ、若い女性を対象に、多くのメーカーによる構成によって品揃えの充実が進んだ。ナイトウエアでは関東のビアン、オオノ、関西のバイオレットという当時の代表的な名をかつて担当者に聞いたことがある。ちなみに同店の地下二階の売り場デザインは、同社宣伝課に所属していたインテリアデザイナーで後に世界的な存在になる倉俣史朗が手掛けていた。また、先日亡くなった高田賢三が、文化服装学院の同級生と共に同社にデザイナーとして在籍していたのもこの頃ではないだろうか。

一九七〇年代以降は、人々の暮らしやファッション全体の変化に連動するかたちでカジュアル化、多様化が進み、スリープウエアのみならずラウンジウエアという概念も生まれる。一九七〇年代には週休二日が奨励され始め、余暇や家での生活に人々の目が向くようになっていく。

ワコールは大阪万博が開催されたちょうど一九七〇年、ランジェリー部門からナイトウエアを切り離して「パーソナルウェア」という新しい分野を切り拓くことになる。当時は丸編みジャージのニット比率が四〇%、しかも変化のつけられるプリ

「ワコールニュース」1964年秋号より

ント（ニットの七〇%の比率）を中心にビジネスを拡大していたという記録が残っている。ちょうど二〇歳前後だった私は、がんばって百貨店で買って着ていたワコールのニットのネグリジェを覚えている。オフホワイト地にオレンジ系で人形の柄のプリントが入ったものだった。

同社のパーソナルウエアとは、「自分だけの時間を楽しむための部屋着」「気軽なおしゃれ着」であって、ネグリジェ、パジャマ、ナイトローブ、ラウンジウエア、リゾートウエア、ホームウエアが含まれるとしている。メンズやキッズと、ファミリーに向けてのブランドも次々に生まれ、女性物は年代別に対象を明確にしたブランドも登場している。さらに一九七九年には、来るべき八〇年代に向けて、より豊かな生活を目指した「ナイテリア思想」（「ナイト」と「エリア」の合成語）なるものも提唱されている。そのキーワード自体はあまり定着しなかったが、住環境を整えた上で、くつろいだ暮らしを楽しむという、今で言うところの「ライフスタイル提案」の先駆けであった。「ホームウエア」の概念はまさにこの時代に生まれ、今日に至るまで変遷しながら継承されている。

大手インナーウエアメーカーによる多面的なブランド展開

WACOAL（ワコール）

1946年創業（会社設立は1949年）の、日本のインナーアパレルを代表するリーディングカンパニー。今日では、アジア、アメリカ、ヨーロッパと、世界で事業を行うグローバル企業である。ブラジャーなどファンデーションの比率が高いが、同社では「パーソナルウェア」と呼ぶナイトウエア・ラウンジウエア分野も歴史が古く、これまでに多様な取り組みを行ってきた。こうして代表的な商品を追っていくと、それぞれの時代背景が見えて興味深い。

次頁：（左上・中）2017秋冬物の同社合同展示会で振り返った「ワコールナイトウエア60年の歴史」。
（左下）アウター感覚のロングドレスでくつろぐことを提案したラウンジウエア「パソ」の広告
（中下）旅を提案している「ティーコンポ・ファイブ」の広告
（右上）ナイロンの「フルフルネグリジェ」
（右中）時代考証に基づいて再現した「19世紀ナイトドレスコレクション・華麗」（1989年に14品番で展開）
（右下）シルクパジャマ

50年代 — 60年代
70年代
80
80 — 90
90

Clean up Japan
アナタもマナーも見つめられる旅に。
アキ缶・紙クズはクズ入れに。
旅にでよう 着るコンポ

1961年　「フルフルネグリジェ」発売。ネグリジェそのもののムードを充実させる商品コンセプトで販売する。

1968年　「プリットナイティ」シリーズ発売。アウターウエアの流行を取り入れたナイトローブ。

1970年　ファンデーション、ランジェリーに次ぐ第三の柱となるナイトウエア商品群の育成を目指し、パーソナルウエア部（1986年にパーソナルウエア事業部）を設置。布帛とナイロントリコットが主力の時代に、丸編素材のジャージー（ニット）を強化する。

1973年　ラウンジウエア「パソ」発売。週休2日制による自由時間の増加、ベビーブーマーが家庭を持つようになるというマーケットの把握から、ラウンジウエアの拡大期ととらえ、アウター感覚のインフォーマルなイブニングドレスとして大胆な柄ゆきで展開。

1976年　「スイートペア」でメンズのパジャマを発売。

1978年　ファミリー層に商品開発を広げ、キッズのパジャマも展開。

1979年　「ナイテリア」の提案。〝ナイト（夜）〟と〝エリア（領域）〟の合成語として、「ナイテリア」思想を打ち出す。

1980年　ナイテリア思想を発展させた「ピュアナイティ」発売。京都服飾文化研究財団（KCI）の所蔵衣裳をもとに復刻されたもので、ナイトウエア全体の売上に大きく貢献する。

1981年　高田賢三のライセンスブランド「ケンゾー」発売。

1982年　カジュアルに単品組み合わせを楽しむ「ティーコンポ・ファイブ」、ワンマイルウエアの「フリーウェイ」発売。海賊ルック、スウェットファッションが注目を集める。

1986年　ライフスタイル発想の「トゥエンタル24」「ケ・サ・ラ」などで、ナイトウェアを再構築。

1992年　加齢と共に変化する体型に着目し、設計を工夫した「グランダー」を発売。

1996年　国内人気DCブランドとのライセンスブランドとして、津森千里の「ツモリチサト スリープ」発売。個性派の団塊ジュニアに向け、ちょっと大人びた〝夢〟に〝あこがれ〟をプラス。

1999年　クリエイターである俣野温子のライセンスブランド「アツコマタノ」を発売。

2004年　心地よい眠りのためのパジャマ「睡眠科学」発売。ワコール人間科学研究所の協力を得て、商品開発を行う。

2005年　「眠るとき用のブラジャー」（現在の「ナイトアップブラ」）をパーソナルウエアの一アイテムとして発売。

2012年　京都の和雑貨ブランド「ＳＯＵ・ＳＯＵ」とのコラボレーションでメイドインジャパンをテーマに新しい感覚のルームウェアを発売。

2013年　眠る時専用の「肌着」の『ねはだ着』を発売。

ナイトウエア全盛期の攻防

産業の枠組みそのものが大きく変化しているので単純に比較はできないが、長期的視野で見ると、従来の伝統的なナイトウエアというカテゴリーのピークといえば、一九八〇年代から一九九〇年代にかけてではなかったかと思う。

それはインナーウエア（女性下着）全体のピークとも重なり、一九九五年を境に、一九九〇年代後半からは国内生産の空洞化と共に海外での生産が増加し、本格的なグローバル化時代に突入した。同時に従来の市場や流通の構造そのものがガラガラと崩れ、変化して行ったのだ。それはもちろん世界共通の動きである。アイテムやカテゴリー、あるいは業界・業種という枠組みで物事をとらえ、競い合うタテ割りの発想は経済成長期のものであって、今日のような成熟した時代においてはあらゆるボーダーが取り払われ、個を軸とした横断的な結びつきが進んできている。

改めて確認してみると、一九九五年というのは阪神淡路大震災、地下鉄サリン事件が起こった年で、同時に戦後最高の円高も記録されている。一九九〇年代前半のいわゆるバブル経済の崩壊に続き、それは国内ファッションビジネスにおいては大打撃であったが、昔から「不況に強い」と言われていたインナーウエア業界は、基幹アイテムのブラジャーを牽引役に一九九六年過ぎまで好調を維持していた。

バブル経済や円高ブームに連動し、インナーウエアの領域でもインポートブームがおこった。有名ブランドがリード役となったアウターウエアに対し、インナーウエアにおいてリード役になったのは体型補整効果の高いブラジャー。そういう日本特有の市場ニーズに対応するかたちで、バストを「よせて、あげる」をキャッチフレーズにした「グッドアップブラ」が一九九二年にワコールから発売された。この商品は大ヒットし、その後の国内ブラジャーの大きなトレンドをつくる。四分の三カップの商品設計と厚めのパッドの構造によって、胸の谷間を強調しバスト全体をボリュームアップするタイプのブラジャーは、その後、二十年以上にわたって市場を席巻する。ある意味では、現在のブラジャーにまで脈々と続く一つのスタンダードを作ったといえる。それは一時の「ボディコン」ブームに便乗したというような一過性のものではなく、メリハリのある体型にあこがれる日本女性の心理をうまくついたものであったといえる。違う角度から見ると、一九九〇年代半ばを境に、それまでは多様なアイテムが共存共栄していたインナーウエア市場が、「よせて、あげる」タイプのブラジャーのヒットにより、ブラジャーのシェアが大幅に拡大し、スリップやナイトウエアなど、それ以外のアイテムの存在感がやや薄くなっていった。つまりはビジネスの効率優先で、売れ筋のアイテムやスタイルに極端に集中してしまう傾向が長く続いたのであった。ブラジャーの勢力拡大は、もともとナイトウエアを主力とするナイトウエアメーカーのブランドでさえ、ブラジャー類を強化する傾向が見られたことにも表れている。一方では、カルバン・クライン、ダナ・キャランといったアメリカのデザイナーブランドが提案するホームウエアの流れもあったわけだが、市場での影響力は限定的だった。

ここでは、そんな大変化の前におこっていたナイトウエア全盛期から次へと移行する時期の攻防についてひもといてみたい。

フェミニンからカジュアルへ

婦人服マーケットが伝統的に、エイジ別ではミセスとヤング、テイスト別にはエレガンスとカジュアルに分けられるように、ナイトウエア分野も大きくロマンチック系とカジュアル系に分かれ、一九八〇年代まではロマンチック系が圧倒的なシェアを誇っていた。表には見えないインナーウエアは、体型補整を目的にしたもの以外は、基本的にはエイジレスであることが特徴である。

かつて、ロマンチック系の代表的ブランドは、関東でいうと専業メーカーのオオノ、ビアン、ナルエーなどで（現存しているのはナルエーのみ）、素材でいうと基本的には綿100％の布帛生地を中心に、上質な綿ローンなども多く使われていた。

中でも生産地密着型メーカーだったオオノは、取手、桐生、足利といった首都圏

ロマンチックなナイトウエアブランドを代表するナルエーの人気定番商品、ローブ（コットンポリエステル素材のパイル素材）

近郊の生産工場から利便性のいい場所にということで、東京の葛飾区金町に本社があった。ビアンは渋谷の駅にもほど近い桜ケ丘に拠点があったが、かつてデザイナーとして勤めていた人の話によると、庭のある青い屋根の一軒家というカントリー調の風景が入社の決め手になったというほど、のどかで家庭的な雰囲気に満ちていて、最近の渋谷の大変貌からはなかなか想像しがたいものがある。

関西にもバイオレットなどいくつか代表的なナイトウエアメーカーがあったが、なかでも究極のロマンチックとして私の印象に残っているのは、岡山を拠点にした「さえら」というメーカーだ。レースやモチーフを多用する装飾の凝った手工芸によって作られた、まさに夢いっぱいのナイトウエアは、五万円、十万円以上といった驚くほどの価格帯でも根強いファンに支持されていたことを記憶している。ある意味では、自己満足のためにこれだけの投資をする人がいた時代だったのだ。人目にはあまり触れないナイトウエアは縮小していき、今はエプロンや人形、ベビー用品、インテリアを中心に継続しているようだ。

人々のライフスタイルやファッション感覚の変化にしたがい、ロマンチック系が主流を占めていたナイトウエアも、カジュアル系が徐々にシェアを拡大していく。和装小物に端を発する荒川（京都）、東京生産地発の三峰（東京・墨田区両国）といったパジャマメーカーはもとより、特に一九九〇年前後からはTシャツやスウェットなどカットソーを中心とするブランドも増えていった。

カジュアル系の躍進と共に、流通革命においても新風を吹かせたブランドとして、東京ダンケ「エスマイル」に触れないわけにはいかない。東京・錦糸町にあった肌着卸問屋の東京ダンケが自社ブランド「エスマイル」を立ち上げたのは、一九八〇年代後半。部屋着の領域の中でも、「リラックスウエア」というコンセプトでオリジナリティのあるものを作りたいと、入社して五年が経過していた千金楽健司氏

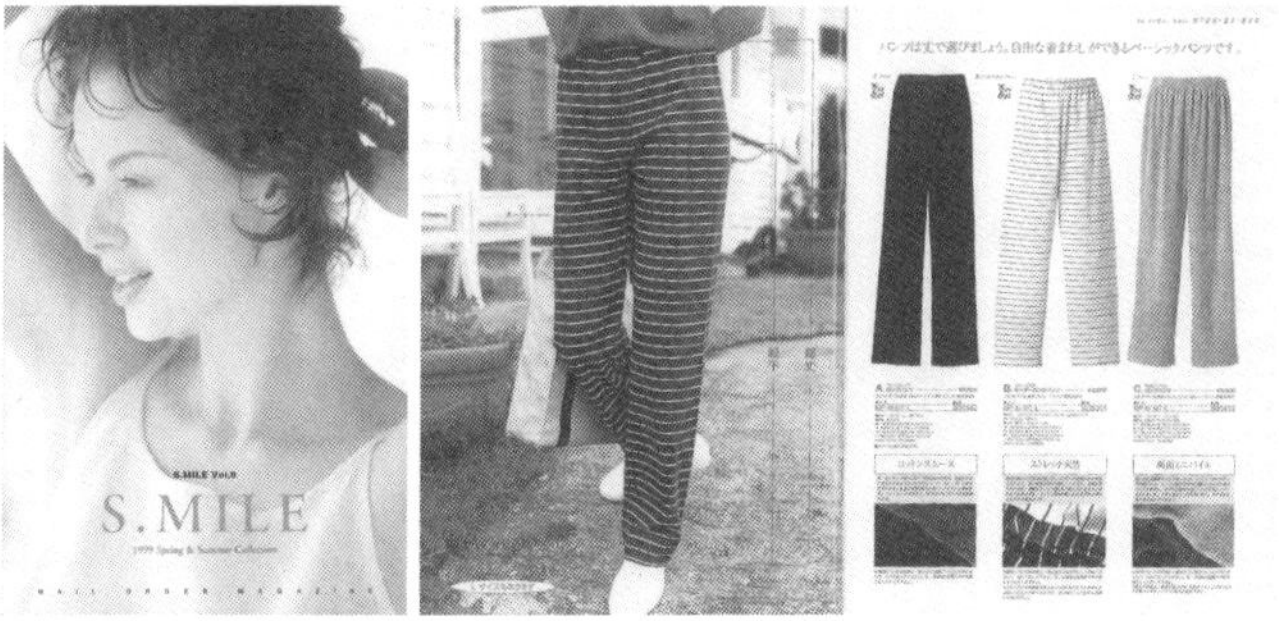

「エスマイル」1999春夏カタログの表紙と商品。カジュアルなベーシックアイテムが充実している

（現在㈱アパレルウェブ代表取締役＆ＣＥＯ）が企画開発に当たった。当時、アメリカで生まれつつあった新しい概念「ワンマイルウエア」（家の中だけではなく、家の周辺一マイル［約一・六キロ］の近所へは着て行ける服）をヒントに、「ショートマイル」と「スマイル」の「Ｓ」をひっかけて「エスマイル」と命名した。

商品面で何が新しかったのかというと、布帛中心だった市場にカットソー、しかもパジャマのような上下セットではなく上下別々の単品展開。色はパステルカラーや花柄ではなく、白・グレー・黒のモノトーンという具合だ。

そこには、家から一歩外に出ることによって、自己満足や、家族だけではなく社会の他者に見られることを意識した視点があり、日常の衣服に対する利便性重視の変化も見て取れる。各種トップス類やウエストゴムのロングパンツやスパッツ（レギンス）をはじめ、今やすっかり市場の定番になっているブラカップ付きキャミソールやスポーティなハーフトップなども既に企画されていた。価格帯についても、繊維製品のほとんどがまだ国内生産だった当時（ちなみに、現在は繊維製品の九七％が海外生産といわれ、この三十年足らずで完全に逆転している）、百貨店のナイトウエア平均価格が八〇〇〇円強、キッドブルーなどのＤＣブランドは一万円以上という時代に、「エスマイル」は中国生産を導入することにより、ボトムやワンピースで三八〇〇円という価格を実現して、「価格破壊」（衣服に対する現在の価格意識からすると驚くべきことだが）と言われた。

流通革命の中でマルチチャネル化

エレガンスからカジュアルへ、布帛からニットへというのは、ナイトウエアやホームウエアに限らず、衣服全体の趨勢である。半世紀位のスパンで見ると、女性の服装がスカートからパンツへ、布帛のブラウスからTシャツなどカットソーへと、より活動的、合理的なものへとワードローブの中心が移ってきたのは明白だ。同時に、ビジネスの流通面においても、革新的な変化があった。

卸事業が中心だった時代において、「エスマイル」は三愛西銀座店におけるコーナーショップ展開を皮切りに、パートナーシップによる店舗販売、さらにはカタログ通販と、現在のようなインターネット販売はまだないまでも、マルチチャネルを志向した販売戦略を進めていった。

一九九〇年代から二〇〇〇年にかけての市場背景としては、川上（素材・製造）・川中（問屋・アパレルメーカー）・川下（小売）が明確に分業化されていた従来の流通から、企画・製造から小売までを一貫して行うSPA（製造小売）の台頭があり、「ギャップ」「H&M」「ザラ」「ユニクロ」といった巨大企業グループが世界を席巻していく。国内アパレル系SPAとしては、一九九〇年代の「オゾック」（ワールド）や「コムサ」（ファイブフォックス）が知られているが、インナーウエアの領域でも一九九八年にスタートした「アモスタイル」（トリンプ・インターナショナル・ジャパン）をはじめ、カタログ通販から新しい市場をつくった「ピーチ・ジョン」など、メーカー系、小売り系と多様なＳＰＡが生まれていった。

シンプルでナチュラルなカジュアル派とキュートなセクシー派という違いはあるものの、「エスマイル」は流通面では「ピーチ・ジョン」（一九八八年にカタログ一号を発行、一九九四年にストア一号店、一九九五年に渋谷１０９店オープン）を競合相手として意識していたという。余談だが、ピーチ・ジョンの創業間もない頃、夫と共に同社を率いていた野口美佳社長が、「これからは〝夢〟ではなく、〝リアル〟」という意味のことを話していたのを思い出すが、それはまさに時代の変化を象徴していたと今さらながら思う。つまり、カタログの写真の撮り方やコピー一つとっても、わざとらしい絵空事の〝夢〟はもういらないというわけだろう。「ピーチ・ジョン」は明らかに、新しい時代の若々しく元気なロマンチックを反映していた。「エスマイル」の千金楽氏は、一九九九年まで十七年間、東京ダンケに勤務し、最後は専務取締役を務めた後、二〇〇〇年にファッションアパレル業界に特化したＩＴ企業である㈱

アパレルウェブを起業し、今に至っている。「この二〇―三〇年、モノそのものはそれほど変化していませんが、販売チャネル、マーケティング手法やPRは大きく変わりました。この先五年、十年のうちに百年単位の構造改革のうねりが来る。今まさにそういうターニングポイントに来ていると思います」。これは二〇一九年時点でのインタビューのコメントであるが、まさに世の中はデジタルへの加速を強めている。

インナーにおけるナイトウエアのシェア減少

ファッションやアパレル繊維製品の主力販路といえば、かつては百貨店だったが、それがGMS（大型総合スーパー）やディスカウント業態、またカタログ通販などの無店舗販売が台頭し、そして全国津々浦々にショッピングモールができていく。同時に、地域に密着した商店街は廃れ、かつてはどこの町にもあったような個人経営による下着専門店が減少していくのは、世界的な現象である。専門店といえば、巨大ショッピングモールに出店するようなSPAチェーンか、個の感性を軸にしたセレクトショップかに二極化していく。さらに、テレビショッピングやアウトレット業態、そして二〇〇五年頃からはEコマース（インターネット販売）の時代が到来した。
下着専門店といえば、その発祥は戦後間もない頃のストッキングから歴史がスタートした店が多かったように、以前はファンデーションからナイトウエア、ストッキングまでトータルに扱っているものだった。それが今では圧倒的にブラジャー&ショーツが中心となっている。

現在、下着専門店の代表格となっているのは、洋裁材料との両輪で二〇一七年に創業九十周年を迎えた「オカダヤ」（本社：東京都新宿区）だ。インナーウエア事業といえばかつてはファンデーション、ランジェリー、ナイトウエアが三分割されるほど同等のシェアがあったが、ナイトウエアは季節感を出すために欠かせない存在としながらも、近年では構成比がわずか数%にとどまっているという。あれだけ展開していたストッキングでさえ、その効率の悪さから今ではほとんどの店舗で展開をやめている。

この「オカダヤ」（店名は「アンテシュクレ」）で大きな売り上げを占める人気ブランドに「サルート」がある。これはワコールの専門店チャネル向けに開発されたブランドで、同社のものづくりの伝統を感じさせる豪華なレース使いのブラジャーが下着好きに長く支持されているのだが、一九七九年のブランドデビュー時は、ロマンチックなナイトウエア専門のブランドとして登場した。当時のカタログを見ると、ナイトウエアが一万円近く、ローブでは一万円台後半の価格帯となっている。「サルート」に限らず、「スタディオファイブ」（ワコールの別会社としてスタート）にしても、また例えば「ジバンシィ」（ルシアン）などの海外ライセンスブランドにしても、特に八〇年代から九〇年代にかけて登場した高級ブランドは、ファンデーションやランジェリーのトータルコーディネイトと融合させたかたちで、必ずナイトウエアやラウンジウエアがラインナップされていた。ブラジャーなどに比べると面積が大きいだけに人目を引き、売り場でブランドの世界観を伝えるのに恰好のアイテムであるし、実際に需要があったのである。

インナーウエアを総合的に展開するメーカーがナイトウエアを縮小させ、一方でナイトウエア専業メーカーが次々に廃業していった背景には、業績不振や国内生産地の衰退もあるが、それだけではなく後継者問題やOA化への対応など、つまりは新しい時代に向けて変化していくことが難しかったという要因も小さくないだろう。それ以前に、一般消費者のライフスタイルや衣服に対する意識の変化が、見えないところで予想以上に進んでいたのである。かなり前から、これからは外側から内側の時代、ファッション（身に着けるもの）からインテリア（暮らし方）の時代へといわれていた。現実はなかなかそう簡単には変化しなかったわけだが、それが近年、ことに二〇一〇年以降から、本格的なインターネット時代になるとともに新しい動きが見られるようになってきた。それについては改めてもう少し先でお伝えしたいと思う。

トータルなアイテム展開でブランドの世界を伝え続ける

ＫＩＤ ＢＬＵＥ（キッドブルー）

国内の百貨店や直営店・フランチャイズ店のみならず、中国市場でもコーナー展開を行い、日本の代表的なホームウエアブランドの一つとなっている「キッドブルー」。前身は１９７０年代半ばに創業したマンションメーカー（アトリエブランド）である。カドリールグループのグローバルなネットワークを活かした、天然素材を中心とするオリジナルテキスタイルの開発が強みで、素材の種類が豊富。トータルなアイテム展開でブランドの世界観を伝えている。

1974年　帽子をはじめとする服飾雑貨を中心に、九州出身の三姉妹がムービングブルー（「青い地球」という意味）創業。

1976年　株式会社ムービングブルー設立。服飾雑貨、婦人服、婦人インナーウエア（ショーツ、キャミソール、タップパンツなど）の企画・営業を始める。

1979年　インナーウエア部門が独立し、株式会社キッドブルー（「地球の子ども」という意味）設立。渋谷区千駄ヶ谷を拠点に、インナーウエアや周辺小物のトータルブランドとしてシャツパジャマも手掛けるようになる。

1982年　カタログ第1号を発表。

1984年　ユニセックス感覚のネルチェックのシャツパジャマが人気。メンズラインクなホームウエアの先駆けとなる。

1985年　メンズライン「MR．B（ミスタービィ）」（現在のKID BLUE MEN）を本格始動。「キッドブルー」の直営1号店〈ムーサ〉を神宮前にオープン。

1989年　南青山にあった直営店〈ティア〉を代官山に移転し、〈アルカディア〉としてオープン。現在に至る（2017年に「キッドブルー代官山」にリニューアル）。

1992年　キッズライン「キッドブルースター」誕生。

1994年　OEM生産を行っていた㈱カドリールニシダが資本参加。

1997年　夏の定番、バンダナ柄ナイトウエアを発売。現在も継続する人気シリーズとなる。

1998年　冬の定番素材であるテトロンレーヨンのフリースシリーズ発売。デザイン性で人気を得る。

左頁：基本的なスタイルは継続する「キッド・ブルー」2020年コレクションより

継続して人気のガーゼストライプ。
ブルーと白はブランドカラー

1999年　水玉（ドット）シリーズを発売し、2014年まで継続。「キッドブルー」といえば、花柄、ストライプに加え、ドットというイメージを確立。

2002年　カドリールニシダの傘下に入る。

2004年　夏の定番、シャーリングシリーズ（布帛にポリウレタン糸を使用した凹凸のある生地）を発売。涼やかな着用感が人気となり、現在も継続中。

2006年　㈱キッドブルーを㈱カドリールインターナショナルへ社名変更。

2009年　「キッドブルー」ブランドの中国内販がスタート。中国の百貨店でもコーナー展開始まる。

2010年　冬の定番、綿の3重ガーゼ素材（定番のダブルガーゼにもう1重プラス）のナイトウエアを発売。軽いうえに、空気を含んでいて暖かい。現在も継続中。

2011年　シルク100％の天竺素材のシリーズを発売。ドレープの美しさと肌当たりの良さで指名買いが高い。

2012年　コレクションライン〝ブルー&ホワイト〟シリーズ発売。特にKBガーゼストライプシリーズは、ブランドのイメージを象徴するものに。

2016年　従来のフリースに伸縮性を加えたシャギーストレッチフリースがヒットする。

2019年　「キッドブルー」40周年。おうち時間を快適に、ファッションとして楽しむ提案を続けていく方針。

デザイナーの夢と個性から生まれたブランド

ファッション産業というのは、ナショナルブランドを展開する大手アパレルメーカーとは別に、デザイナーの名前を冠したデザイナーブランドや、多くの独立系ブランドもある。

後にDC（デザイナーズ&キャラクターズ）ブランドブームといわれる社会現象がおきたのが一九八〇年代であった。現在まで脈々と続いている東京コレクションの発起人（三宅一生を代表幹事に、川久保玲・松田光弘・森英恵・山本寛斎・山本耀司の六人）や、その前身である一九七四年発足のTD6（山本寛斎、コシノジュンコ、菊池武夫、金子功、花井幸子、松田光弘）がリーダー的役割を果たした。ちなみに東京コレクションは、読売新聞社の創業一一〇周年を記念した「東京プレタポルテ・コレクション」をきっかけに、同年の一九八五年に発足したCFD（東京ファッション・デザイナー協議会）主催で、同年十一月に第一回目が開催された。

「もう一つの衣服」であるインナーウエアやナイトウエアの領域においても、DCブランドが存在する。しかし、外側の衣服と同様、かつての〝ナショナルブランドvsDCブランド〟という単純な図式ではとらえられないほど、いまや市場や産業構造の大変化と共に多様化を見せている。

ここでは一九八〇年代から一九九〇年代にかけて独特の存在感を放っていた、ナイトウエアの代表的なDCブランドを紹介したい（有名婦人服DCブランドからの参入の話については、後の章で触れる）。いずれも一九七〇年代に生まれた、もともとは独立系ブランドである。専業メーカーも多く存在していた市場において、それともまた一線を画すポジショニングであった。

倉敷を拠点に開花した「イクコ」

ナイトウエアの領域において、デザイナーズブランドとして長く時を刻んできたのが「イクコ」だ。主要百貨店をはじめ、代官山や表参道などに直営ブティックを展開してきた（二〇二〇年時点では計四店舗）が、その拠点は岡山県倉敷市にある。また、一般的にDCブランドは、ファッション雑誌など撮影用の商品をスタイリストに貸し出すプレス機能を設けるのが特徴だが、DCブランドのビジネスモデルを踏襲するナイトウエア専門メーカーは当時は珍しかった。中でも東京の一等地にいち早くプレスルームを設置したのが「イクコ」ではなかったろうか。

創業者の瀬尾郁子さんが二六歳の時に、「アトリエイクコ」という名で創業したのは一九七〇年。東京・目黒にある通称ドレメの杉野学園・ドレスメーカー女学院（当時）を卒業し、故郷倉敷にもどって実家の時計宝飾店の手伝いをしながら、両親にいわれるままにお見合いを繰り返していたというが、やはり自分の好きなものづくりを諦めることができなかった。若い時から洋服などおしゃれにはかなりの投資をしてきたという郁子さんだが、最初に作ったのは、水着の下につけるベージュのショーツであった。一メートル百円の生地から四枚のショーツが作れるので、効率もいいからまずショーツを作ってみようと思ったのだという。ファッションを勉強していた学生時代から下着は好きで、上野アメ横で買った輸入品のスリップを部屋着にしたり、ブラを自分で直したりして着ていたのも背景にある。

私が最初に郁子さんに出会ったのは一九八五年前後のことだ。記者をしていた二〇代後半の私が、同ブランドの東京での展示会に取材に行ったのがきっかけである。私より一回り年上の郁子さんは、デザインも経営も自分でバランスよく手がけ、仕事人生の中でも一番脂がのっていた頃ではなかったかと思う。年季の入った岡山弁はかなりのカルチャーショックだったのだが、その飾らないオープンな人柄にひかれて、知り合って間もなく誘われるままに倉敷に遊びに行った。

既に地域の名士として知られていた郁子さんの生活は、コンクリート打ちっ放しの自社ビルに象徴されるように、まぶしいほどにスノッブな雰囲気に満ちていたのだが、一番の思い出はマリンスポーツの体験だった。まだ小学校低学年だった、郁

「IKUKO 1989 夏」のカタログより。同ブランドの写真は、ファッション・フォトグラファーの斉藤亢がずっと手がけている

子さんのお嬢さん（現代表取締役の有紀さん）と一緒に、水着で遊んだことが懐かしい。海に程近く、マリンスポーツが身近なものであったことからも、水着用のアンダーウエアをデザインするのは日常的なことだったに違いない。倉敷というと、今ではデニムの産地として世界的に知られているが、「イクコ」の創業時はまだそれほど大きな産業にはなっていなかったようだ。ただ制服（ユニフォーム）の産地という伝統的な地場産業によって、近隣には縫製を担う内職の女性たちが多く住み、それまで黒い服ばかりを縫っていた人たちが、夢いっぱいのかわいらしい「イクコ」のナイトウエアや小物を喜んで縫ってくれたという。「イクコ」のアイデンティティを考える時に、やはり倉敷というバックグラウンドを見逃すことはできない。最近も、郁子さんはこのように話していた。「東京は文化的な刺激を受ける場所としてはいいけれど、情報過多で、物を作るにはじっくり自分の中で消化する時間と環境が必要だった」

銀座「ベルブードワァ」でデビュー

「イクコ」のブランドデビューに関しては、おもしろいエピソードがある。郁子さんが自分でコツコツものづくりを始めた一九七〇年代初頭、ファッションをリードする東京の中でも注目の的だったのが、銀座にあった鈴屋のブティックブランド「ベルブードワァ」だ。私自身は銀座店の記憶はおぼろげにしかないのだが、当時、婦人服専門店のリード役であった鈴屋の中でも、銀座店は最先端の店だったようだ。ちなみに店名の「ベルブードワァ」とはフランス語で「美しい寝室（プライベートルーム）」という意味である。全国の小売店やメーカーも参考にする、まさにトレンドウォッチングのスポットで、新しいデザイナーを積極的に紹介する機能も備えていた。デザイナーにとっては一つの登竜門で、当初、パリやニューヨークから帰国してまもない三宅一生も紹介されていたという。その新しさに刺激を受け、「私はもっとかわいいものがつくれる」と息巻いた郁子さんは、同店のバイヤーとコンタクトを取り、倉敷から持ってきたショーツを近くの喫茶店で見せては売り込んだという。そうして少しずつ取引が始まり、店頭で商品についているタグを見て全国から取引依頼の電話がかかってくるようになった。そんな頃に、「あなたらしい部屋着を作ってほしい」と鈴屋側から持ち掛けられたのが、ナイトウエア領域に進出したきっかけである。つまり、最初からナイトウエア専門のブランドをと考えて始めたわけではなかった。逆にいうと、小物の一アイテムであるショーツの中に、瀬尾郁子のつくる世界が既に凝縮されていたともいえる。

当時、同店の店頭では別注企画として、今はなき「一つ目小僧」というブランド（デザイナーは山路たえ）のコットンの部屋着や、「コム・デ・ギャルソン」でデビューしたて（もちろんパリコレ進出前）の川久保玲による汕頭《すわとう》刺繍のブラウンの部屋着がディスプレイされていたりしたという。「コム・デ・ギャルソン」はもはや説明する必要がないが、「一つ目小僧」は私にとって非常に懐かしいものがある。手染めのような淡いグリーンのコットン、確か丸い衿と小さな袖が付いた丈の短いブラウス。二〇歳過ぎそこそこでがんばって買ったそのブラウスは、何年経っても捨てられなかったので、今も探せば押し入れの奥にあるかもしれない。いずれにしても、そういう人気ブランドの次の候補として、「アトリエイクコ」にも白羽の矢が立ち、同ブランドにとってはここを起点に本格的なブランドデビューとなった。当時は「ベルブードワァ」のような店（今でいうところのセレクトショップ）がデザイナーを育て、次の流行を作る役割を果たしていたのである。また、ファッション産業が活性化していく中で、既に一九七〇年代にはファッションにおける「ホームウエア」という領域が注目されていたことがうかがえる。前章でも触れたように、ナイトウエア市場が多様化していく成長期とも重なる。

当時、「ベルブードワァ」銀座店の店長だったのが、その後、独立してファイブフォックスを設立することになる上田稔夫氏だった。一九七六年に青山ベルコモンズ（二〇二〇年に「ジ　アーガイル　アオヤマ」として生まれ変わった）ができる前のことである。当時から上田氏の求心力は強力なものがあったらしく、郁子さんが初めてパリに行ったのは、上田が主導した鈴屋主催のヨーロッパ視察旅行であったという。ちなみに上田稔夫氏率いる「コムサ・デ・モード」（ファイブフォックス）がデビューしたのは、ＤＣブランドブームを牽引したファッションビルのパルコである。

さて、「イクコ」のナイトウエアといえば、今ではすっかり花柄プリントがブランドの顔のようになっている。花柄はオリジナル性が出しやすいという理由もあるだろうが、その原点には郁子さん自身の花好きがある。出張先のパリでも花を買ってホテルの部屋に飾り、月の半分もいない東京のマンションのベランダにも、植木鉢の花を欠かさない。しかも、その花というのは大きくて華やかな花ではなく、きれいな色だがひっそりと野に咲いているような、どちらかというと素朴な花。そういう花たちをモダンな花器に入れて組み合わせを楽しむ。ただのロマンチックなお花いっぱいではない、ポイントは一つに絞り、ちょっとひねりを効かせた使い方、見せ方に独特の持ち味がある。化粧気がなく、アクセサリーもつけない彼女らしい表現である。

また、「イクコ」の底に流れているのは手仕事、手作業への愛情である。自身も経営と並行して四五歳まで商品のデザインにも直接かかわっていたというように、ものづくりをベースにしたブランドである。商売のセンスは、戦前は美容師をしていた母親から受け継いでいるが、コツコツ物を作るのが好きなのは時計修理職人だった父親、さらに父方の祖母から受け継いだと話してくれた。家事の合間に裂き織や編み物、日本刺繍などで常に手を動かしていた祖母の影響を受け、郁子さんも十代前半から人形の服などを作っていたという。「もっと夢のある優しいものをつくりたい」という郁子さんの当初からの思いが、「イクコ」の歴史を支えてきたといえる。

会社の会長に退いた今は、同社が所有するギャラリー（画廊）での現代アート作品へと、その熱情が移っているように見える。

企業買収で成長した「キッドブルー」

一九八〇年代というのは、国内ファッションにおけるＤＣブランド全盛期だが、私の記憶では「イクコ」と並び、ナイトウエアにおける双璧ともいえる人気ブランドだったのが「キッドブルー」だ。どちらかというと少女っぽさを感じさせる「イクコ」に対し、洗いをかけたようなコットンのパジャマなどで、少年っぽい雰囲気をかもし出していた「キッドブルー」。どちらもカタログやポスターなどのビジュアルに力を入れてブランドイメージをうまく伝えており、百貨店の平場に並ぶナショナルブランドや専業メーカーのものとは異なる、新鮮な魅力を放っていた。

二〇〇二年（資本参加は一九九四年から）、ファンデーションを中心とするインナーウエアメーカーであるカドリールニシダ（本社・京都、会長・西田清美）のグループ傘下に入り、当時の三、四倍の規模に拡大して現在に至っている「キッドブルー」だが、その発足は一九七九年。福岡出身の三姉妹による「ムービングブルー」というキャラクターブランドのインナーウエア部門として、東京・千駄ヶ谷で誕生した（当時の社長は長女の川上美由紀さん）。二〇一九年にはブランド発足からちょうど四〇周年を迎えている。設立間もない頃にデザイナーとして勤務していた人と、私は後年プライベートで知り合い、交遊の機会を得た。その友人の話によると、スタッフはあえてインナーウエアメーカー出身でない人たちが集められ、生地やレースは別注生産も含めてアウターウエア用の素材をふんだんに使い、まさにインナーとアウターの中間にあたるようなものをつくっていたという。男物のようなたっぷりした身幅のあるパジャマや、ピンタックやコットンレースをアクセントにした、ヨーロッパのアンティークのようなネグリジェなどで、それらは今見ても決して古びていない。

ただ、婦人服業界の同業者からは当時、「パンツ屋」と揶揄されたこともあったようだ。ファッションにおけるインナーウエアの地位を想わせるようなエピソードを耳にして、当時、インナーウエア業界専門誌の記者として、誌面に掲載するためのブランドのカタログ写真が借りられなかった思い出がよみがえり、彼らの当時のプライドや気負いのようなものが痛いほど伝わってきた。この最初の出会いの印象は、私にとって同時期の「イクコ」と対照的なのだ。

多くのブランドが生まれては消えていった中で、いわば個性的なマンションメーカーとしてスタートしたブランドが、時代やマーケットの変化を乗り越えながら、今日に至るまで生き残り成長しているのは、カドリールグループによるM&Aによって大胆なブランドの再構築を果たしたためである。このM&Aは、同社が「キッドブルー」製品のOEM生産（相手先ブランドによる受託製造）を行っていた縁に

「キッドブルー」のシルクサテンのパジャマはブランドカラーの白とブルーの花柄（2012年発表のコレクション）

よるものだ。

当初の独立系ブランドの時代は、作り手が作りたいものを作り、それを好きな人、理解してくれる人だけに届ける、ブランドの世界が好きな人だけを相手にするというスタイルであった。それはファッションの究極の夢であるが、ビジネスとしてはそれがいつか立ち行かなくなることが少なくない。直営ショップ展開のトータルブランドを基本にしながらも、流通の変革期を迎える中で、同ブランドの販売チャネルも百貨店主体へと変化していった。百貨店のコーナー展開で販売するとなると、品質やデザインに対する百貨店の要求に応えることは必至となり、アイテム構成なども従来のようにそう自由にはいかなくなる。カドリールグループ傘下に入って以降は、「キッドブルー」という当初からのブランドの世界観は残しながらも、従来のファッション好きな、どちらかというととんがった感性を持つ人から、ナチュラル系のかわいいものが好きな人たちへと、ファン層も変化していった。ブランド認知度の高さをあらわすように、今では三〇代、四〇代を中心にしながら、幅広い年代をカバーしているようだ。百貨店を主力にした国内約四〇店舗の他、カドリールグループのネットワークを活かすかたちで中国への進出も早い時期に果たしており、中国に三〇店舗、台湾に二店舗を展開している（二〇一八年時点）のも同ブランドの強みとなっている。「キッドブルー」は、ブランドがどう生き残り、時代にどう柔軟に対応してきたかという好例といっていいだろう。

優しいロマンチックを持ち味にした倉敷発のDCブランド

IKUKO（イクコ）

ナイトウエアを中心とするDCブランドとして、既に半世紀を歩んでいるのが、倉敷を拠点にした「IKUKO（イクコ）」。白や花柄をはじめ、夢のある優しいデザインを持ち味にしている。現在は二代目が経営を引き継ぎ、新しい時代に臨んでいるが、すべて国内生産を貫いている。

1971年　東京の服飾専門学校、ドレスメーカー女学院を卒業後、瀬尾郁子が26歳の時に、出身地倉敷で個人創業。最初に作ったのは、水着用ショーツ。次第にナイトウエアを充実させていく。当初は、ベビーピンクやブルー、グリーンなど優しい色合いの手染めを多く手がけていた。

1976年　株式会社アトリエイクコ設立。

1979年　福岡に販売拠点㈱イクコ九州設立（その後、2004年、2010年と移転）。

1980年　倉敷に直営店オープン。

1981年　東京に販売拠点㈱イクコ東京設立、岡山に直営店オープン、本社屋ビル完成と、業績を伸ばす。

1982年　神戸に販売拠点㈱イクコ神戸設立。

1983年　東京青山にプレスルームをオープン。

1985年　大人の女性に向けた「グレーシーイクコ」をスタート。部屋着としてだけでなく外でも着こなせる上質なデザインが特徴。

1988年　社名を株式会社イクコに変更。

1991年　倉敷美観地区に直営店オープン。別に、美術工芸品を扱う「ギャラリー工房イクコ」をオープン。後に現代アートの分野にも進出する。

2000年　東京代官山に直営店オープン（その後、2009年に青山に移転）。

2001年　広島に直営店オープン。

2008年　瀬尾有紀が代表取締役に就任し、瀬尾郁子は会長に就任。

2009年　イオンモール倉敷に直営店オープン。

2012年　福岡VIOROに直営店オープン。

2014年　岡山直営店をイオンモール岡山内に移転（店名はCOURRIS by IKUKO）。

新しくできたばかりの本社ビルで撮影をおこなった1982年のカレンダーより（IKUKOを象徴する白のナイトウエア）　撮影は斉藤亢

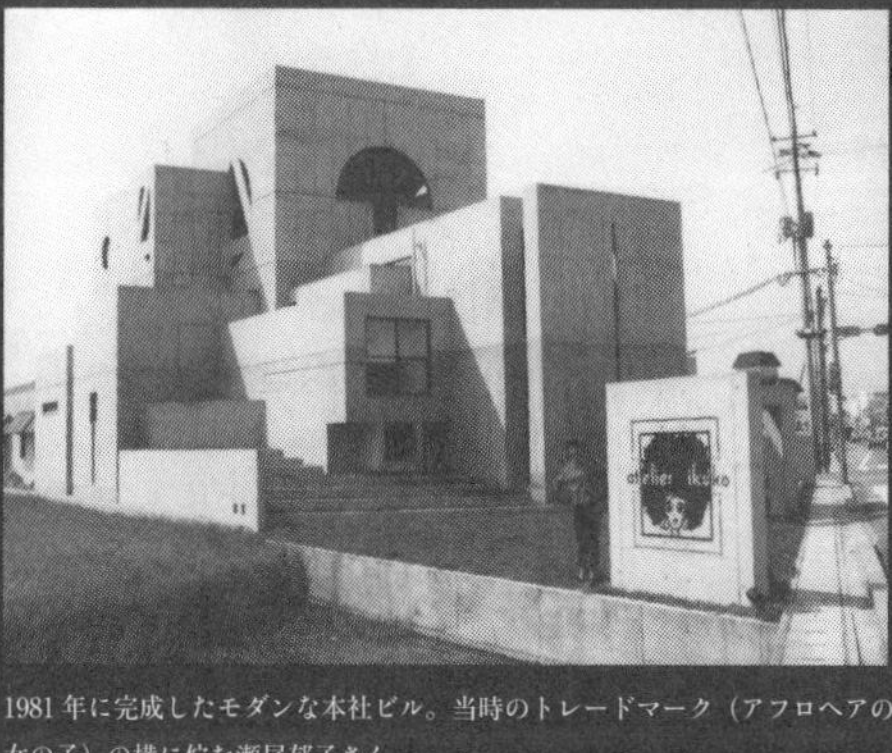

1981年に完成したモダンな本社ビル。当時のトレードマーク（アフロヘアの女の子）の横に佇む瀬尾郁子さん

有名ライセンスブランドの人気の背景

さらに、ナイトウエア、ホームウエアの変遷を語る上で忘れてはならないのが、有名ブランドとライセンス契約を結んだ数多くのライセンスブランドである。

これはナイトウエアやインナーウエアに限らず、ファッション全般、さらにタオルや寝具、トイレタリーに至るまで幅広いジャンルに及ぶ。中には名前だけ借りてきたようなものも一部なくはないが、日本製の品質の高さやものづくりの伝統とあいまって、独自の市場を形成してきた。ライセンスブランドはロイヤリティ分が価格に上乗せされているために割高ではあるが、有名ブランドの名がついているだけでなんとなく安心だし、それ以上にギフト向けには無難というわけで、長期にわたってよく売れていた。だが、ことに今世紀に入ったあたりからは、ヨーロッパ本国のブランド側がグローバル戦略に基づき、ライセンス展開から現地法人による直接販売に切り替えるという動きがおこり、一般にファッション分野におけるライセンスブランドの市場というのは縮小している。同時に日本でも、消費者にとってのブランド価値というものが、有名デザイナーブランドから素材やものづくりへの付加価値へと変化したことも背景にある。

それにしても、あれほどまでにライセンスブランドに人気があった背景は何であったのだろうか。国内ＤＣブランドのライセンスも少なくないが、この章では海外の有名ライセンスブランドを中心に見ていきたい。

ギフト需要が支えていた有名ブランド

有名ライセンスブランドが一堂に見られたのは、何といっても百貨店である。一階のファッション雑貨売り場をはじめ、上層階のインテリア・寝具関連を扱うリビング売り場などでは、ライセンスブランドが主流という時代が長く続いた。ナイトウエアおよびホームウエアについては、百貨店においてはインナーウエア（ランジェリー）売り場と寝具（リビング）売り場の両方で展開されている。以前はほとんどが前者で販売されていたが、一九九〇年代後半以降は徐々に縮小され、後者に移行する傾向が強まった。ナイトウエアのカジュアル化と共に、前者のブラジャーの隣で展開するよりは、後者のベッド関連の一環として展開した方が、親和性が高いというわけであろう。

「百貨店の〝リビング〟は、日本人の暮らしの変遷を反映した場所」と話していたのは、百貨店のリビング売り場を三〇年にわたって見てきた某百貨店の部長だ。戦後、ライフスタイルが欧米化する流れの中で、畳から洋間へ、また間取りや暮らし方、そこで着る服も大きく変化し、かつての主流であったパジャマ（スリープウエア）から、近年は家でくつろぐための部屋着の比率が増える傾向にあるという。しかも従来のカテゴリー別の発想や単品訴求ではなく、家で過ごす時間軸に合わせたトータルな商品編集や世界観の打ち出しがなくてはならない時代となっている。

百貨店がこのようにライフスタイルの提案を大きな課題にしている背景には、日

郵便はがき

料金受取人払郵便

本郷局承認

4150

差出有効期間
2022年5月
31日まで

113-8790

東京都文京区
本郷2丁目20番7号

みすず書房営業部
行

通信欄

（ご意見・ご感想などお寄せください．小社ウェブサイトでご紹介させていただく場合がございます．あらかじめご了承ください．）

読者カード

みすず書房の本をご購入いただき，まことにありがとうございます．

書　名

書店名

・「みすず書房図書目録」最新版をご希望の方にお送りいたします．

（希望する／希望しない）

★ご希望の方は下の「ご住所」欄も必ず記入してください．

・新刊・イベントなどをご案内する「みすず書房ニュースレター」（Eメール）をご希望の方にお送りいたします．

（配信を希望する／希望しない）

★ご希望の方は下の「Eメール」欄も必ず記入してください．

（ふりがな） お名前　様		〒
ご住所	都・道・府・県	市・郡 区
電話	（　　　）	
Eメール		

ご記入いただいた個人情報は正当な目的のためにのみ使用いたします．

ありがとうございました．みすず書房ウェブサイト https://www.msz.co.jp では刊行書の詳細な書誌とともに，新刊，近刊，復刊，イベントなどさまざまなご案内を掲載しています．ぜひご利用ください．

本特有の伝統的な贈答文化に基づくギフト習慣の減少という事情もある。ギフトそれ自体の需要はなくならないが、中元・歳暮、返礼・仏事などの季節や儀礼のギフト、あるいは量の多い法人ギフトから、個人的コミュニケーションによるパーソナルギフトへと、この十年余りでギフトの性質と内容が大きく変わった。全館の中でもギフト比率が高いリビング売り場の中で、ナイトウエアおよびホームウエアもかつては半分近くがギフト需要だったらしい。ちなみに、ナイトウエアのギフトといえば、母の日、敬老の日といった年間イベントが大きな山となっていたほか、結婚のお祝いにペアパジャマを贈るというのも以前は人気があった。

寝装品メーカーの老舗である西川産業（二〇一九年二月から新社名「西川㈱」へ）の話を聞いても、二〇〇〇年前後までは、ライセンスブランド（寝具を含めた全体で三〇ブランド程）が全体の八割を占め（それ以外の二割が自社ブランド）、そのうちの八割がギフト需要だったという。当時のパジャマをはじめとするナイトウエアの同社売り上げ規模は約三八億円。「ウンガロ」「バーバリー」が上位ブランドだったようだ。二〇一〇年代半ばまでは、「セリーヌ」「イヴ・サンローラン」「エトロ」といった高級ブランドも健在だった。ナイトウエアはタオルなどと比べると採算性が厳しい面は否めないが、全国に三百店舗以上ある強固な西川チェーンを中心に、今もライセンスブランドのパジャマが販売されている。

ギフトと並んで、かつてよく聞かれたのが入院需要だ。入院して病院で過ごす時は普段よりいいパジャマを着ていたいという需要も小さくなかったが、最近は病院専用のレンタル制が浸透してきたこともあって、これも減少した。いずれにしても、ギフト需要あるいはライセンスブランドに代わる戦略として、西川では近年、ナイトウエアに限らず、健康や睡眠というテーマに基づく商品開発に力を入れている。

ハイブランド、ディオールの功績

次に、いわゆるギフト需要とは別の側面から、ナイトウエアのライセンスブランドを見ていきたい。カネボウが日本市場に浸透させた「クリスチャン・ディオール」は、高級有名ブランドの代表のような存在であった。「クリスチャン・ディオール」といえばフランスを代表するクチュールメゾンであり、世界的にも一般に最もよく知られている有名ブランドではないだろうか。LVMH《エルヴェエムアッシュ》（モエ・ヘネシー・ルイ・ヴィトン）およびクリスチャン・ディオールの大株主で会長兼CEOを務め、今や多くのラグジュアリーブランドを手中に収めているベルナール・アルノーが、ブランドビジネスに開眼したのは、滞在していたアメリカでたまたま乗ったタクシーの運転手が、「フランスはよく知らないが、ディオールなら知っている」と話したのがきっかけだったというエピソードが残っているくらいだ。

創立七〇年に当たる二〇一七年、パリの装飾美術館でこれまでの歴史を回顧する大展覧会が開催され、私も観に行ったが、それは芸術文化の誇り高きフランスという国の威信をかけたような、もう圧巻というしかないものであった。

第二次世界大戦後に新しいモードを次々に発表して話題になった同ブランドは、日本にも早くから上陸しており、一九五三年に東京でファッションショーを行ったのをはじめ、一九五九年の美智子さまご成婚のドレスがディオールであったことなども日本との結びつきを象徴している。

鐘紡（以下、漢字表記に統一）によるディオールは一九六〇年代半ばから一九九七年にライセンス契約を終了するまでの三〇年余り、まさに日本の高度経済成長と共にその歴史を刻んだ。その商品領域は婦人、紳士、子供・ベビーと衣料品全般、および周辺雑貨まで幅広く、それぞれの分野でステイタスが高かった。高級ではあるが全く手が届かないというわけではない。しかも本国フランスにないものも少なくない。日本ならではの品質の良さもある。かつてディオールの紳士スーツを購入したことがあるという友人は、生地、品質、デザイン、縫製ともに、同価格の他のブランドと比べても抜きん出ていて、鐘紡の底力や本気度を感じたし、長く愛用することができたと話してくれた。

紡績会社の鐘紡が、ファンデーション・ランジェリーを始めとするインナーウエア領域への参入を本格化させたのは、一九六六年にシルクエレガンスという会社を吸収したことに始まる。このシルクエレガンスの前身は、かつて「東の「半沢」、西の「和江」（ワコール）」といわれ、昭和三〇年代前後においてファンデーションメーカーの二大巨頭の一方であった半沢エレガンスである。ただ、ホームランジェリー（ナイトウエアのことを示す）は、インナーウエアというよりプレタポルテ（婦人服）部門の一環としてスタートし、両者のちょうど中間にあたるような位置づけであった。

ディオールのナイトウエアのデザイナーとして、計十七年務めた高橋敦子さんに久々に再会し、当時の話を伺うことができた。ディオールブランドのライセンス廃止後も別のメーカーの高級ライセンスブランドにかかわった後、今はフリーランスとして仕事を続け、ナイトウエアデザイナー歴は四〇年になる。もともとナイトウエア専門のデザイナーは多くはないが、彼女のようにヨーロッパのライセンスブランド中心にキャリアを積んだ正統派デザイナーは、あまり他にはいないのではないだろうか。

ディオールの展示会には私も度々伺ったが、彼女の落ち着きのある佇まいと共に、ナイトウエアの充実した商品構成の中にディオールらしい高貴でエレガントな世界が繰り広げられていたことが印象に残っている。ディオールのブランドロゴや、象

鐘紡ディオールによるランジェリーの展示会（1995 春夏コレクション）ミニ丈のスリップドレスとガウンのアンサンブルがパリの香りを伝えている（「クリスチャン・ディオール」）

徴的なアイコンの一つであるスズランなど、刺繍のワンポイントもフランスの香りを伝えていた。

鐘紡がディオールのナイトウエアを国産企画でスタートさせたのは、一九七九年である。実家近くにある目黒のドレスメーカー女学院（当時）を卒業した高橋さんが、老舗百貨店のオーダー部を経て再び同学院アート科に復学し、その後、縫製会社を経て、鐘紡ファッション事業本部のプレタポルテ単品部門担当デザイナーとして入社したのが一九七八年（その後、いったん離れて一九八五年に復職）だが、高橋さんがナイトウエアを手掛けるようになった当初も、ジャケットやブラウス、スカートなどのアウターウエアの展示会場の通路にテーブルを出して、来場者に見てもらうというような状況であったという。そのように販売が本格化していない時期であっても、スイス製のシルク生地や高級輸入レース、親会社である鐘紡のネットワークを活かした80綿サテン、100双面天竺といった最高級綿素材を使用し、一点ずつ、モデルフィッティングも行っていた。

わずか十型でスタートした同ブランドのナイトウエアは、最終的には百型まで拡大。年商ピークが十二億円、小物雑貨を含めると十四億円にまで成長した（とはいえ、ファンデーション・ランジェリーの比率は高く、ディオールのインナーウエア全体では約四〇億円の規模）。その人気の秘密は、誰もが知っている有名ブランドのわかりやすさやステイタスの高さと共に、奥様やお嬢様が憧れる日本人好みの上品さを持っていたこと、そしてもちろん、商品の質の高さにあった。最低でも二万円前後、ガウンなどは四万五千円からという当時の価格帯も、高級な憧れブランドとしての存在感を際立たせていた。どういう人たちが購買をリードしていたかというと、東京を中心としたいわゆる〝キャリアウーマン〟といわれる、経済的に自立し、おしゃれにも気を遣う女性たちだった。しかも当時「ダブルインカムノーキッズ（DINKS）」といわれた子供のいない共稼ぎ世帯、また女子大生の卒業旅行のための需要も高かったという。パリ・オリジナルのイメージにのっとったシルクのアンサンブル（ロング丈のネグリジェとお揃いのガウン）などは、女優にも愛され、テレビドラマの中でもよく使われたという。考えてみると、この伝統的なスタイルは今では見ることが少なくなってしまった。

ヨーロッパと日本との文化の橋渡し

ただ、ライセンシーとしての葛藤は決して小さくなかったようだ。高橋さんは鐘紡ディオールのデザイナー時代を振り返って、こう話す。「ヨーロッパと日本とのギャップは大きい。そのせめぎあいの日々だった」と。高橋さん自身、一九八〇年代前半に夫の仕事の赴任先であるロンドンに二年半ほど暮らし、その時に経験したこと、感じたことをベースにしながら、帰国後は夢を大きく描きながらナイトウエアのデザインの仕事に復帰した（会社の組織も変化しており、鐘紡㈱ファッション本部用品部ホームランジェリー担当）。パリやロンドンの高級百貨店の売り場を見てもわかるように、ヨーロッパではナイトウエア、つまりランジェリーというのは、常に女を意識し、女を表現するものであって、夫同伴でナイトウエアを選びに来るのは当たり前となっている。その背景にあるのは、結婚して何年経っても妻を「女」として見るヨーロッパと、結婚するとすぐに「母」になってしまう日本との文化の違いであり、もっと言ってしまえば男性の意識の違いである。そこが決定的に違うと高橋さんは痛感している。これは時代や世代がいくら変わろうと、日本における下着文化の成熟を阻むものとしてずっと言われ続けている、永遠の課題だ。

具体的なデザインの葛藤でいえば、例えば、日本ではバスト、特に乳頭が透けることへの拒否反応が強いので、ヨーロッパのような透けるレースや素材は使わない。また、パジャマシャツの第一ボタンの位置も重要で、ヨーロッパではバストが自然にこぼれるように見える位置が美しいとされているのに対し、身だしなみ意識の強い日本では胸元はきちんと隠しておかなければならない……。日本のライセンシーとしては、毎シーズン、パリの本部から来るテーマをもとにデザイン画を起こし、本部のアプルーバル（承認）を得るわけだが、その過程でそういった議論を毎シーズン重ねたという。ディオールオリジナルの良さを活かしながらも、日本の市場にある程度合わせなくては売り上げには結びつかないわけで、その苦労や工夫は相当のものであったろう。

そういう中でもパリ出張の度に、いろいろな刺激を受けた。当時のディオールは、パリのクチュールメゾンの中でもスタッフに上流階級の人たちが多く、ゆったりした優雅な雰囲気があったようだ。例えば、日本から出張で来ている高橋さん一人のために、アトリエで新しいコレクションを一点一点、生身のプロのマヌカンが着替えて披露してくれるのを、ゆったりソファに腰かけて眺めるという具合。そういう雰囲気は決して日本では味わうことができないものである。

日本側としては、鐘紡グループならではの総合力を強みに、綿サテンや綿天竺など高級綿素材をはじめ、シルク風ポリエステル、カジュアルなワンマイルウエアやペア企画、パイルのバスローブやリゾートウエア、ポーチ類を初めとする売り場活性化のための多彩な小物と、日本市場の実情に対応したきめ細やかな商品をオリジ

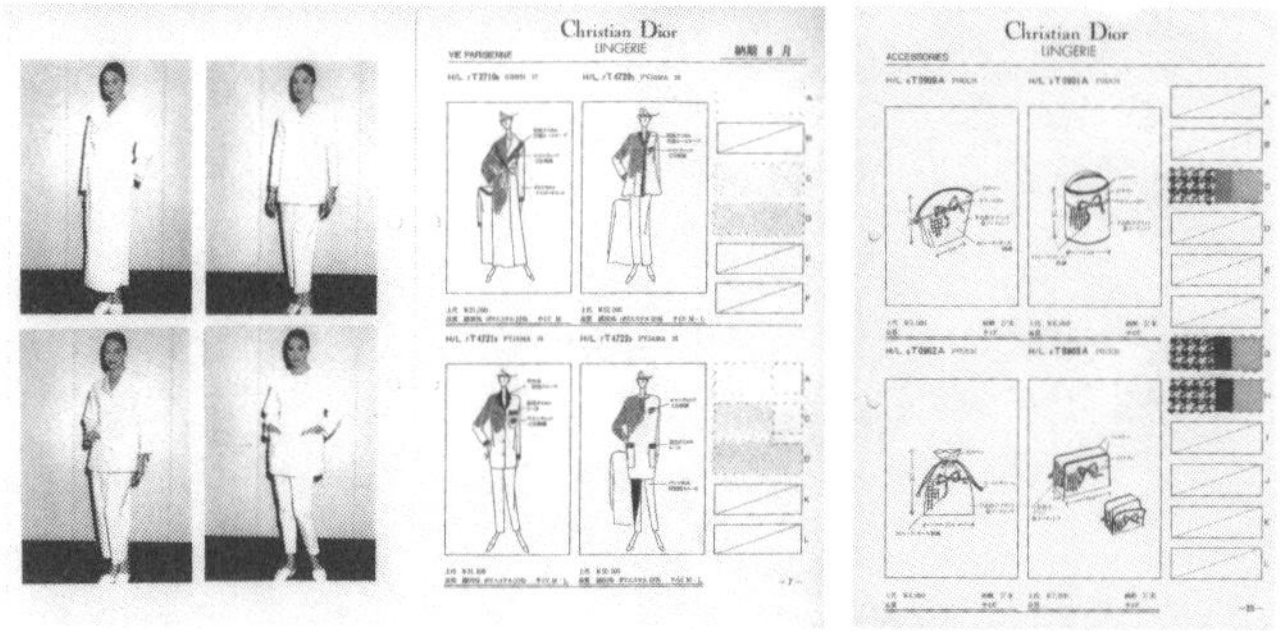

高橋敦子さんのデザイン画ファイルより。ディテールまでこだわったパジャマに、ポーチなどの小物類も充実（1997 年秋冬　コレクション）

ナル素材で提案し、ブランドの育成に貢献することができたのである。高橋さんの仕事は、まさにフランスと日本、両方の文化をつなぐ橋渡しとなる体験であったといっていい。

「それまで国産ではなしえなかったステイタスの高いナイトウエアの分野を確立できたことは、一デザイナーとして幸せでした。ディオールの素材や縫製など、すべてにおいて、あの完成度や世界観を他のブランドや工場では再現するのは不可能です。あのクオリティの商品はもう二度と出来ないかもしれないと思います」

ディオールとほぼ同時期に日本市場にライセンス展開していたブランドとしては、他に「クレージュ」（ナイガイ）、またシルクインナーでスタートした「ジバンシィ」（ルシアン）なども印象深い。いずれも、ブラジャー&ショーツやスリップなどと共に、インナーウエアがトータルで展開されていた。

このような有名ライセンスブランドのナイトウエアは、日本のナイトウエア爛熟期に咲いた気高い花のように思える。それが実現できたのは、日本人に根強くあるヨーロッパへの強い憧れであり、メーカーや企画デザイナー、あるいは縫製工場というものづくりにおいて、日本にそのしっかりした受け皿があったということに他ならないのである。

「ディオール」ブランドに関しては、もう一つのエピソードをつけ加えておこう。二〇〇〇年初頭、某インナーアパレルがディオールのライセンス契約取得を狙って動いていたが、ロイヤリティの交渉がかみ合わずに決裂したことがあった。それによって自社ブランドとして高いレベルの新しいクリエイションが生まれたのだが、それはここでは触れないでおこう。

日本の経済成長と共に市場に浸透したあこがれの海外ライセンスブランド

クリスチャン・ディオール〈鐘紡〉

第二次世界大戦後に初のコレクションを発表し、1950年代には世界に一大旋風を巻き起こした「クリスチャン・ディオール」。日本国内では紡績会社に端を発する鐘紡グループが独占販売権を持ち、ファッションの幅広い分野でライセンス生産を行った。ホームランジェリー（ナイトウエア、ラウンジウエア）部門においても、ディオールならではのエレガントな世界観が息づき、高級品市場におけるリード役としてあこがれのライフスタイルを提案した。

1953年

世界にライセンスビジネスを拡大するディオールが、日本にもいち早く上陸を果たす。11月に東京会館でコレクションショーを開催。入場料3000円（大卒初任給が8000円の時代）と高価だったが、皇族をはじめ、上流階級の人々で会場は埋め尽くされた。

1964年

鐘紡株式会社が、パリ・クリスチャン・ディオール社と独占ライセンス契約および輸入協定を結ぶ。以来、婦人プレタポルテ、ランジェリー、小物、雑貨まで、20種類を超える分野の商品化を行う。同年、鐘紡ディオール㈱設立（紳士服部門のムッシュは1973年に設立）。その後、1979年時点で鐘紡㈱ファッション事業本部に集約され、ライセンス商品とオリジナル輸入品と合わせて、53アイテムを取り扱う規模にまで拡大。

1966年

鐘紡ディオールは、ファンデーション・ランジェリー部門の強化のため、シルクエレガンスという専業メーカーを吸収。

1979年

国産ホームランジェリー（ラウンジウエア）企画がスタート。パリ・オリジナルに準じたハイグレードでエレガントなナイトウエアをわずかながら制作する。シルクエレガンスによるファンデーション・ランジェリーのライセンス展開もほぼ同時期。

1985年

ホームランジェリー（ファッション本部用品部）は、プレタポルテ部門の展示会に合わせて企画を進め、プレタ部門の専門店も含めて取引先の開拓を進める。当初は型数10型からスタートしたが、その後12年間で10

左頁：（右上・左下）「Christian Dior 1996-1997 秋冬コレクション」
（左上・右下）「Christian Dior 1997 春夏コレクション」より

衣服からテーブルウエアまで、ライフスタイル全般でディオールの世界観が表現された

フランスならではのエレガントなホームランジェリー

倍の100型を超える規模まで成長。各主要百貨店にコーナー売り場を持ち、ナイトウエア市場におけるプレステージゾーンの位置を確立した。

クリスチャン・ディオールの東京での初のファッションショー（1953年11月25日、東京会館「ローズ・ルーム」にて）

成長を促すきっかけとなったのは、1986年春夏シーズン。メンズとレディースのペアで、リゾート用ホームウエア（綿スムースのカラフルなタンクトップやパジャマ）の提案を行ったことが新鮮に受け入れられた。ハイクラスな雰囲気は残しながら、日本人の生活感覚から遊離しすぎないことが決め手に。夏はパイル、冬はベロアといった、カジュアル感のあるホームウエアがヒットする。

1997年

鐘紡㈱解散により、ディオールとのライセンス終了。ホームランジェリー部門も終了となる。ピーク時は12億円、ポーチなどの小物で1億円強、ファンデーション・ランジェリー部門を入れると、合計40億円ほどの売り上げ規模だったという。

根強い人気を誇る国内ＤＣブランド

マーケティング用語でいうところの、団塊世代とハナコ（バブル）世代にはさまれた私たち世代（かつて〝しらけ世代〟などともいわれたが、〝ＤＣ洗礼世代〟とも命名されている）にとって、少なくともファッションに関心がある人であれば、ＤＣブランドに対する愛着や思い出は少なくないはずである。評価が確定しているブランドをあえて選択しないというプライドから、決してブランド物のマニアでもフリークでもなかった私でさえ、クローゼットを開けてみると、捨てられない服たちの多くにデザイナーやブランドのネームが付いていて、それをがんばって購入した当時の思い出がよみがえってくる。定価ではそうなかなか買えるものではないから、ブランドの半年ごとのバーゲンセールを待ってよく出かけた。

そもそも骨董や古いものが好きな私にとって、断捨離などはもってのほか、なかなか古いTシャツでさえ捨てられないのだが、「捨てられない服とは何か」と問われれば、その服にまつわる思い出は別にして、クオリティや好みと共に、作り手（デザイナーや職人）の魂を感じるかどうかに行きつくのではないかと思う。

二〇代末から定期的に海外に行くようになってからは、蚤の市によく足を運び、市場視察の仕事を兼ねて、旬を感じさせる現地の海外ブランドの服や服飾雑貨をセール期に購入した。それができたのは円高という後押しがあったことはいうまでもない。まさに〝体験〟が〝消費〟そのものであり、衣も食も話題の店やブランドはとにかく体験しなければ分からない、体験にお金を使うという意気込みは、当時の時代の空気であった。

そういったブランド熱は、前章で触れたように、日本ではライセンスというかたちで大きくふくらみ、人々の間に広く浸透していった。

アパレル産業という観点で見ると、婦人服アパレルやDCブランドなどアウターウエア側からインナーウエア市場への参入という現象がこれまでも周期的に見られ、昨今のコロナ禍においては、特にホームウエアの分野でそれが顕著にあらわれている。ただ、この動きはたいていが短命に終わる。それはインナーウエアならではのサイズの複雑さ、生産ロットの大きさ、価格設定の難しさなどによるもので、これからはインナーの時代と、初めはおいしそうな市場に見えたものの、結局は採算が見合わずに挫折というのが通例であった。

そういうなかでも、ホームウエアの分野には、ライセンス全盛の時代に端を発しながら、長年にわたって愛されている二つのデザイナーブランドがある。それぞれの変遷を通して、アウターウエアとの根源的な違いを踏まえながら、ホームウエアという分野の可能性を探ってみることにする。

パリコレブランドのライセンスから

主要百貨店のリビングフロアで息長く存在感を放っているブランドに、「ワイズフォー リビング」がある。その名から連想されるように、もともとは山本耀司氏が一九七二年に設立した「ワイズ（Y's）」（その後の「ヨウジヤマモト」）からスタートしている。二〇〇九年に完全に分社化するまでは、同グループに連なっていた。

ファッションデザイナー山本耀司氏といえば、一九八一年にパリコレデビューし、「コム・デ・ギャルソン」の川久保玲氏と共に、ボロルックともいわれた黒を基調にした服で、パリのモード界に新風を吹き込んだことで知られる。その影響力は今も連綿と続いているのだが、当時の反響が日本のファッション業界の活性化にもたらしたものは大きかった。彼らがＤＣブランドブームという一時代を作った原動力にもなっていたことに異論を唱える人はいないだろう。ワイズの子会社として一九八六年にスタートしたワイズ フォー リビングだが、そのきっかけは前章でも登場した西川産業からのライセンスブランド契約の申し出にあったという。同社を率いていた社長の西川五郎氏は社交的で華やかな人物で、ファッション業界における若い才能を探す中で、パリコレ進出で話題となっている山本耀司氏に白羽の矢を立てた。カバーリングなどベッド周りの寝具類のライセンス契約を持ちかけられたわけだが、名前だけのライセンスブランドではなく、商品企画も売り場づくりもすべてワイズで行い、西川産業は主に生産面でフォローする、今で言う協業としてスタートしたことが結果的にその後の事業継続に功を奏することになった。

現在に至るまで、ワイズ フォー リビングの社長として事業に当たってきたのは林五一氏である。山本氏自身はもちろんのこと、ワイズの主要スタッフはパリコレで忙殺されていたため、子会社で新事業を始めるにあたっては、一部の企画メンバーを除き新たに外部から人材を集めた。林氏は山本氏とは学生時代以来の親友で、もともとは海外の航空会社に勤務していたが、山本氏の要望により会社（ワイズ）設立に参加し、今にいたっている。

ベッド周りの寝具やパジャマ類と並行してホームウエア（部屋着）も展開するが、西川産業とのライセンス契約を解消する一九九三年頃から双方のシェアが逆転し、ウエア類が主体になっていく。これはシーズンやファッション性におけるアイテムのバリエーションの違いや提案するデザインや着心地が受け入れられた結果ともいえる。

さらに、一九九〇年代からはＤＣブランドがインナーウエア（ランジェリー）に進出する動きが加速し、同社もメインブランドの「ワイズ フォー リビング」に限らず、百貨店のインナーウエア売り場で展開する「インアンダー」を発売。それ以外でも長年にわたって多様な取り組みを行ってきた。

いかに新しく見せるかには無縁

では、アウターウエアとホームウエアとでは何が異なるのだろうか。そして、婦人服のデザイナーのエッセンスをどう落とし込むのだろうか。

「ワイズ」といえば黒だが、家の中で黒は不自然、黒は使わないということが当初は前提にあったという。「真綿（まわた）にくるまれたような」という表現の通り、ベッド周りは天然素材や白を中心とするイメージがもとにあった。「ベッド周りで違和感のあるものは作らない」を基本にしながらも、「ワイズの得意な白いシャツやさらさらしたマニッシュな服を、どう部屋着に落とし込むか」が常に念頭に置か

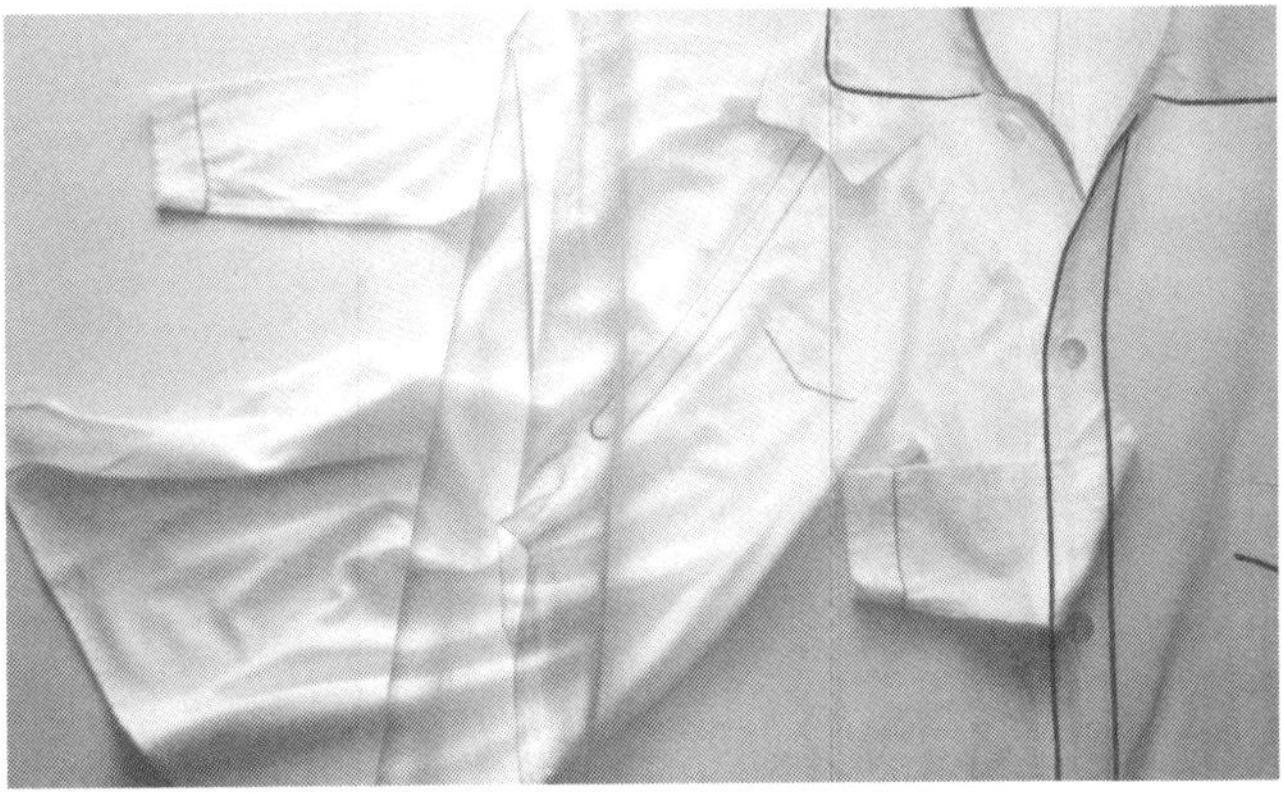

「ワイズ フォー リビング」初期の白いパジャマ。ワイズらしいギャバジンのワークウエアをイメージしたもの。パイピングがあしらわれている

れていたという。

また、「部屋着というのはワークウエア」であるという考え方が根底にあり、当初はワイズらしいギャバジンの服をパジャマで表現し、パイピングを施した。パジャマの基本形でありながら、家の中だけではなく、外にも来て行きたいと思わせる美しさがある。これはまさに今のリモートワークの、職住一体のライフスタイルを先取りするような発想といっていいだろう。

ただ、部屋着は婦人服とは異なり、人に対していかに新しく見せるかという視点には無縁であるという。部屋着

2020年のコレクション。クオリティの高い素材を使用し、着心地やシルエットにこだわったリラクシングウエア

は気分を変えるツールではあるけれど、新しく見せる必要はない、自分自身が快適で楽しくありたいというわけだ。もちろん婦人服の適度なトレンド感は必要だが、それ以上に着やすさが重要であって、「どこまでやっていいかはスリリングで、それは数ミリの匙加減です」と、林社長は表現する。ブランド設立以来のワイズフォーリビングファンがいるのは同ブランドの強みであるが、百貨店のリビングフロアに来店する客層とのギャップについては常に葛藤があり、特に若年層の新規顧客を開拓する課題をいつも抱えているようだ。

「ワイズ フォー リビング」も二〇二一年で設立三五周年を迎える。ここまで継続することができたのは、ブランドの遺伝子をベースにしたプライドが評価されているからであろうか。

「我々は、肌触りや着心地、シルエットや色に至るまで、いかにストレスなく、かつ素敵に一日を過ごすことができる日常着とは何か？を常に考え、追求していきます。この先もさらに、家でリラックスできるものを見つめ、見つけ出し、素材やパターンにこだわったハイクオリティな部屋着を提案していきたいと考えています」

デザイナーの自由な発想で

百貨店のリビングフロアを主な舞台にしている「ワイズ フォー リビング」に対し、百貨店のインナーウエアフロアを中心に四半世紀歩んでいるのが「ツモリチサト スリープ」だ。

団塊ジュニア層（一九七〇年代前半生まれの第二次ベビーブーマー世代）をターゲットにした新しいパジャマ（スリープウエア）を、というワコールからの依頼で、一九九六年にスタートした。当時は、百貨店のインナーウエア売り場には、「キッドブルー」や「インアンダー」（ワイズ フォー リビング）のコーナー展開をはじめ、「ICB」（オンワード）や「ナチュラルビューティー」（サンエー・インターナショナル）といった婦人服アパレルメーカー系DCブランドのライセンスによるインナーウエアもひしめき合うような時期で、ワコールもその市場ニーズに対応したものであった。

商品の企画はツモリ側、製造販売はワコールという共同体制のライセンスブランドがロングセラーであり続けている理由を、デザイナー・津森千里の夫で会社代表である㈱ティー・シィーの森山和之社長はこのように話している。

「ライセンスビジネスというのは、相手先企業の人事異動で担当者が変わったり、数字データに惑わされたりしがちですが、決して根無し草にならないように、どんなことがあってもブランドの軸がぶれないようにしてきたことが結果的に良かったと思います。「つくるのは任せる」というスタンスで長年向き合ってもらっていることが継続につながっています」

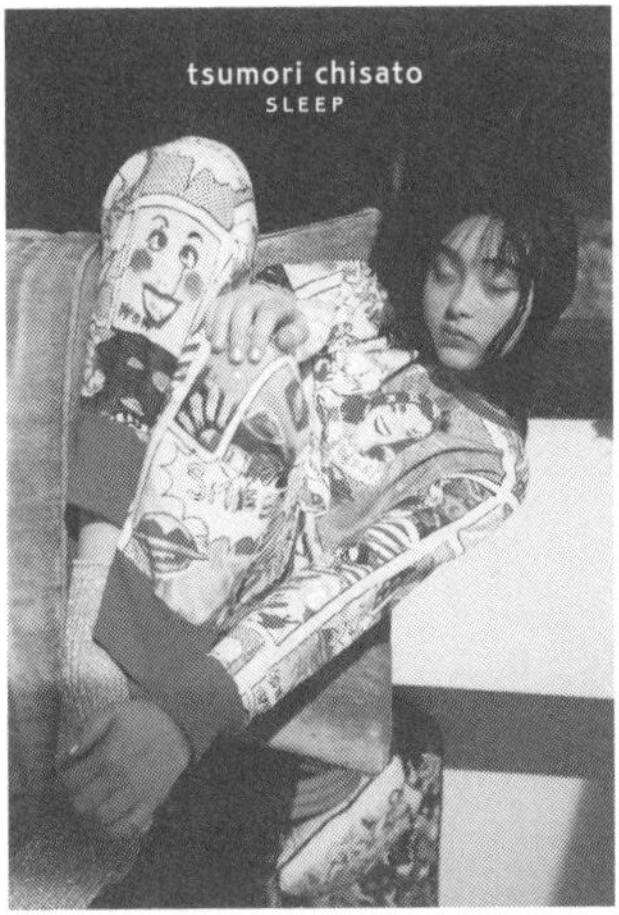

「ツモリチサト　スリープ」2019年冬コレクション

ちなみに、ホームウエアの「ツモリチサト　スリープ」と同時期にライセンス契約を交わした、バッグ・革小物、シューズ、タオル、浴衣などのブランド展開もそれぞれ息長く継続している。

ライセンサーであるツモリ側も売り場づくりやディスプレイに積

極的に取り組む中で、ブランドデビューの早い時期からパジャマ単体に限らず、同じ素材でタンクトップを作ったり、同柄のストレッチ素材でブラやショーツを作ったり、さらにはソックスや小物へと、コーナー展開に必要なアイテムをトータルに広げていった。この横断的発想はツモリの強みといえるだろう。

同ブランドの魅力は何といっても、その色や柄（プリント）の楽しさにある。夢のある色柄にひきつけられるのは、着る人の年代やライフスタイルの違いを超えたものので、幅広い層から「ツモリチサト スリープ」が支持されている秘密もこのあたりにあると思う。アウターウエアとしては着るのにちょっと抵抗があるようなものでも、ホームウエアなら好きなものが自由に着られる。しかも、従来の伝統的なナイトウエアのスタイルではなく、カジュアルで若々しい。もともと津森自身が絵を描くのが好きで、服の柄を何より大切にしているだけあって、あらゆるアイテムの柄をすべて津森自身が手がけているという。

その意識がますます高まったのは、二〇〇三年から婦人服コレクションの発表の場を東京からパリに移し、十数年にわたってパリコレに参加していたことが大きかったようだ。デザイナーの強烈な個性がしのぎを削るパリにおいては、他のブランドにはない明確な強みや特徴が問われるなかで、「ツモリチサト」の持っているガーリーでファンタジックなブランドの世界観が強められていったといえる。同じ

「ツモリチサト スリープ」2020年春コレクションより
デザイナーである津森自身による絵がプリントされた着やすそうなワンピース

カットソーのTシャツ一つとっても、胸元のちょっとした開きでセクシーさを表現することの大切さをパリで教えられた。そういったエッセンスは「スリープ」にも反映されている。

かつてのDCブランドも新たな局面へ

デザイナーの津森千里は、一九九〇年に「ツモリチサト」ブランドを立ち上げているが、一九八九年に自らのデザインスタジオを持つまでは、イッセイミヤケインターナショナルの社内デザイナーとして「イッセイスポーツ」などのブランドを担当していた。婦人服の「ツモリチサト」ブランドについても、二〇一九年までは二九年にわたってイッセイミヤケグループのエイ・ネットとのライセンス契約によって展開していた。ピーク時に国内三〇はあった店舗も、契約終了と共に整理し、自ら製造を行うメーカーとして新たなスタートを切っている。新しいコレクションを拝見すると、受注生産が主体になっただけに、つくりたいものだけをつくる姿勢が明確になり、ツモリチサトのファンタジー全開という様相を見せている。

「日本のファッション産業はこの三〇年で、大きく変化しました。あるデータによると、人口も消費指数も微増なのに、供給数が二・三八倍といわれ、供給過多による残数がふくれあがっています。我々は規模を縮小しながらも、従来の店頭販売やEコマース（インターネット販売）だけではない新しいアプローチで挑戦していきたい。ブランドの認知度といろいろなアイテムのノウハウを持っていることを強みに、ツモリの世界が好きな人たちのもとに〝ハッピー〟を届けていきたいと考えています」

世の中の趨勢とは異なるところで支持を得たいと考えているのは、先のワイズフォー リビングも共通している。「店頭でのビジネスが厳しくなっている中で、ある部分ではオンラインを活用しながら新規開拓することも必要ですが、実際に手で触って購入したいという要求を大切にしたい」

この二ブランドを見てもわかるように、国内DCブランドの中でもカリスマ性のあるデザイナーによるコレクションブランドというのは、ファッション全盛期のいい意味でアナログな土壌でその魅力を発揮してきた。時代の変化と共に、服そのものの魅力を主軸にしたモノやヒトから、システム重視へとファッションビジネスが大きく転換する中で、少数派でありながらも新たな市場の立ち位置を確立していくのではないだろうか。この本格的なデジタル時代の到来に、どう立ち向かっていくかを模索している姿勢に、かつての全盛期を知る者としては深い共感を覚えるのだ。

パリコレブランドのライセンスからスタート。百貨店リビングフロアの重鎮的な存在

ワイズ フォー リビング（Y's for living）

都市型百貨店のリビングフロアを中心に、国内ＤＣブランドとしてロングセラーを続けている「Y's for living（ワイズ フォー リビング）」。これまで、家の中における周辺関連アイテムの多様な取り組みを行ってきた。日本を代表するファッションデザイナーの一人、山本耀司の遺伝子を遺しながら、独立したブランドとして、ホームウエアの独自の位置づけに挑み続けている。

1986年　山本耀司氏率いるワイズ（Y's）の子会社として、㈱ワイズ フォー リビング設立。西川産業㈱とのライセンスブランドとして、「Y's for living」（パジャマなどウエア類）、同時に「Y's Bed + Bath」（主に寝具とタオル）を立ち上げる。

1987年　主要百貨店の寝具・インテリアフロアに出店スタート。

1988年　渋谷区代官山に本店およびプレスルームをオープン。

1989年　主要百貨店の婦人服フロアにてシンプルな部屋着・アンダーウエアのブランド「Tops & Bottoms」を販売（1991年まで展開）。

1993年　西川産業㈱との寝具ライセンス契約を終了し、以降はタオル以外すべてを自社企画で製造販売を行う。ブランドは「Y's for living」に一本化。

キャビネット、テーブル、チェアなど家具シリーズを発売。この頃からパジャマやアンダーウエアに加え、リラクシングウエア、ワンマイルウエアにも力を入れる。九〇年代は、海外においても日本のデザイナーブランドがブームで、同ブランドも海外からの引き合いが多かったという。

1994年　アンダーウエア（ブラジャーなどファンデーションを含む）に特化したブランド「inmunder（インアンダー）」を主要百貨店の下着売り場で展開（2001年まで）。

2001年　港区六本木に本店を移転しオープン。

2004年　台湾にフランチャイズショップ3店舗を展開。

2005年　広尾（渋谷区恵比寿2丁目）に本店を移転し、「Y's for living + fabric furnishings」オープン。「時代を経た

上：「Y's for living」
中：「Y's for living furniture」
下：「Y's for living + fabric furnishings」本店

2007年　素材と現代の感覚をミックスし、新しいデザインを提案していく」というコンセプトのもと、オリジナル商品に加えて、セレクトアイテムやインポートの買い付け品、ヴィンテージファブリックを独自にリメイクしたアイテムなどを販売。

パリの老舗百貨店「ル・ボンマルシェ」の東京展で、パジャマなどの期間限定販売（8—10月）を行う。

2008年　中国国内5店に卸売り開始。

2009年　㈱ヨウジヤマモトの民事再生法申請と共に、分社化。独立した企業として再スタートする。

2010年　タオルのライセンス契約が終了し、100%自社企画製造販売に。

2011年　プロジェクトブランド「a part of me.（ア・パート オブ ミー）」を立ち上げる。ブランド名は「私の分身、私の興味、私がずっと大切にしたいと感じるもの、こと」という意味。新しい、楽しいと意義を感じるものすべてを対象に、枠にとらわれない自由な発想で商品開発や発掘、またコラボ企画をプロデュースする。

同時に、「ムーミン」「Scye」などとのコラボ企画をスタート。

2015年　伊勢丹新宿店5階フロアのリモデルを機に、伊勢丹新宿店限定販売のリラクシングウエア「Y's for living2」発売。

2020年　素材・シルエットにこだわったエクスクルーシブライン「fabric furnishings」を店舗限定で販売スタート。

2021年　ブランド35周年。新たなコラボやメンズに特化したブランドをスタートさせる計画。

「睡眠」で見直されるパジャマ

近年、日本国内においても、パジャマ人気が高まり、パジャマでホームウエア分野に新規参入するブランドも増えている。パジャマがやはり、ホームウエアという領域をリードする役割を担っていることがうかがえる。ただ、既に述べたように、海外ではプリントシルクを中心とするラグジュアリーなものや、ライフスタイル志向のファッション性重視のものがリード役であるのに対し、日本ならではの特徴といえるのは、特に「睡眠」「快眠」といったキーワードと共に、パジャマの機能性がクローズアップされているという点だ。

ホームウエアに限らず、肌に最も近いインナーウエア全般にわたっていえるのは、日本においてはファッション性よりも機能性を訴求することが欠かせない。日本ほど〝夢〟より〝現実〟のマーケティングに長けている国はないのである。とはいえ、この「睡眠」マーケットは、人々の健康や生活習慣への関心の高まりとともに、ますます拡大の様相を見せている。

健康志向の中で睡眠への関心が高まる

本格的な高齢化社会の到来が現実化しつつある中で、人々の健康に対するニーズは切実なものになっている。人生百年時代、いかに健康で長生きするかが誰にとっても課題であり、食事や運動と共に、睡眠も強く意識されるようになった。私自身、海外出張などで疲労がピークに達した時も、バランスのよい食事と睡眠さえとっていればどうにか乗り越えられるという実感がある。

少し前のデータになるが、二〇一六年に博報堂生活総合研究所が全国二〇—六九歳の男女三九〇〇人を対象にした「二〇一七年生活気分」調査では、生活の中で力を入れたいことの回答として、「趣味」や「遊び」を抜いて、「睡眠・休息」がトップにランキングされた。また、同社の「生活定点」という定点観測の最新データ（二〇一六年実施）においても、「日頃、睡眠不足を感じている」人が四二・八％、「どのような時間を増やしたいですか」という問いに「睡眠時間」と答えた人が五六・〇％となっている。皆、疲れているのだ。デジタル社会の進行とも密接につながっていることは明らかである。さらに、日頃の睡眠不足が蓄積しリスクが高まるという意味の「睡眠負債」という言葉は、ＮＨＫスペシャルでも取り上げられて話題となり、二〇一七年の「流行語」にも選ばれている。『スタンフォード式　最高の睡眠』（西野精治著、サンマーク出版、二〇一五）、『おやすみ、ロジャー』（カール＝ヨハン・エリーン著、三橋美穂監修、飛鳥新社、二〇一七）といった書籍がヒットしたことも、人々の睡眠への関心の高さを裏付けている。

世界的に見ても日本人の睡眠時間は短く、睡眠に悩みがある人は多いとされており、各方面で睡眠に関する研究や、関連商品の開発が進行している。睡眠こそが美と健康の源であるというのが今や定説になっている。睡眠に関する学会もいくつかあり、それぞれに活発な活動が行われているようだ。

この睡眠ブームの商業的なきっかけとなったのは、枕をはじめとする寝具といっていい。私も一九九六年に寝装具メーカーのロフテー（三河の帯芯メーカーを前身に、戦後はシーツで寝具へ）に取材に行っている。同社は一九八七年から「快眠スタジオ」という部署を設置し、快眠についての研究と適切な情報提供を行ってきた。東京南青山に「睡眠文化ギャラリーα（後に「ねむり文化ギャラリーα」と改名）」をオープン、全国主要百貨店の寝具売り場に「枕工房」を常設。特に当時から話題となっていたのが、枕のコンサルティングで、その人の立っている時の姿勢が保てて自然な寝返りの打てる高さが枕の理想という話だった。

この動きはその後、マットレスへと広がり、最近は寝具の中でもマットレスと枕が快眠のための主要アイテムとなっている。私自身、もう三〇年も使っているベッドのマットレスをいつ新調しようかというのが課題であった。自分の寿命を考えると最後のマットレスになるから吟味して選びたいと思っていたのだ。ふとしたきっかけで、ある高反発マットレスパッド（二〇一六年にロフテーの親会社になった「エアウィーヴ」製）を使うようになったところ、明らかに睡眠の質が変わった。なんといっても寝るのが楽しくなって、毎日、床に入る時間が早くなった。我ながらいい買い物をしたと思っている。

「快眠」の環境を作る上で大切なのは、一般に、温度と湿度・明るさ・音・寝具の四要素といわれ、パジャマも枕やマットレスなどと共に、寝具の中の大切な要素として紹介されることが増えた。機能性の求められるスリープウエアとしてのパジャマとなると、まさに日本のものづくりの強みが発揮される分野なのである。

パジャマ産業という観点で見ると、過去に価格破壊という大きな局面があったことも忘れられない。一九九〇年代半ばだっただろうか、雑貨店などいろいろな業態の店先に千円台の安価なパジャマがあふれ出した時期があった。今ではそれほど驚く価格帯ではないが、当時はインパクトがあったものだ。それはアパレル業界全体において国内生産の空洞化が進み、海外生産品のシェアが拡大する時期とも重なる。特にパジャマはカットソーなどと同様、海外で容易に量産できる商材でもあったことから、一時はセール品の代表のようになってしまったのである。

そういう意味でも、「睡眠」をテーマにした機能性の付加価値は、日本のパジャマ復調、いやホームウエア全体にとっての救世主だったともいえるのだ。

サイエンスを切り口にするパジャマが人気

日本にパジャマを製造販売する会社は少なくないが、ここではまずインナーアパレルの大手ナショナルブランドメーカーから話を進めたい。「パーソナルウエア」という名では一九七〇年からだが、ナイトウエア事業には一九五〇年代から六〇年以上にわたって取り組んできたワコールには、近年好調な「睡眠科学」というブランドがある。同社の研究機関、ワコール人間科学研究所が、一九九八年頃から行ってきた睡眠中のからだの特性研究をもとに開発されたもので、〝眠りここちに、こだわるパジャマ〟をコンセプトに二〇〇四年から販売されてきた。動き〈寝返り動作や寝姿勢に対応〉、温度〈汗や寒さによる不快感に対応〉、触感〈季節に応じたここちよい肌触り〉といった三つの〝ここちよさ〟を形にしたもので、特に二〇一五年以降、成長が著しい。睡眠に関する直接的な効能を訴えるのではなく、あくまで「ここちよい眠りのための入眠儀式としてのパジャマ着用の習慣化」を促している。パジャマに限らず、睡眠中のブラジャーとしてヒットを続けている「ナイトアッププラ」や、肌着の「ねはだ着」なども、同じコンセプトから生まれた。同ブランドの視点で特に興味深いのは、「寝返り」に対応している点だ。実は私が寝る時に通常のパジャマを着用することをあまり好まない理由は、ウエストのゴムが気になったり、上衣がかさばったりというのと同時に、寝返りをする時のゴロゴロ感が気になることにあった。まさにパターンや素材の良し悪しが大きくかかわってくる。部屋着として着るのにふさわしいパジャマと、寝る時に着るのにふさわしいパジャマは微妙に異なるのだろう。「睡眠科学」では年間を通して着られるシルクサテンや綿をはじめ、夏はさらっと涼しく蒸れにくいもの、冬は起毛素材などぬくもり感があってふんわり柔らかいものをという具合に、季節に合った素材を勧めているのに加え、その設計にも力が注がれている。背中は斜め方向に生地が伸びることをはじめ、腕を上げてもつっぱりにくい仕立てにすること、さらに腕周りやヒップ、太も

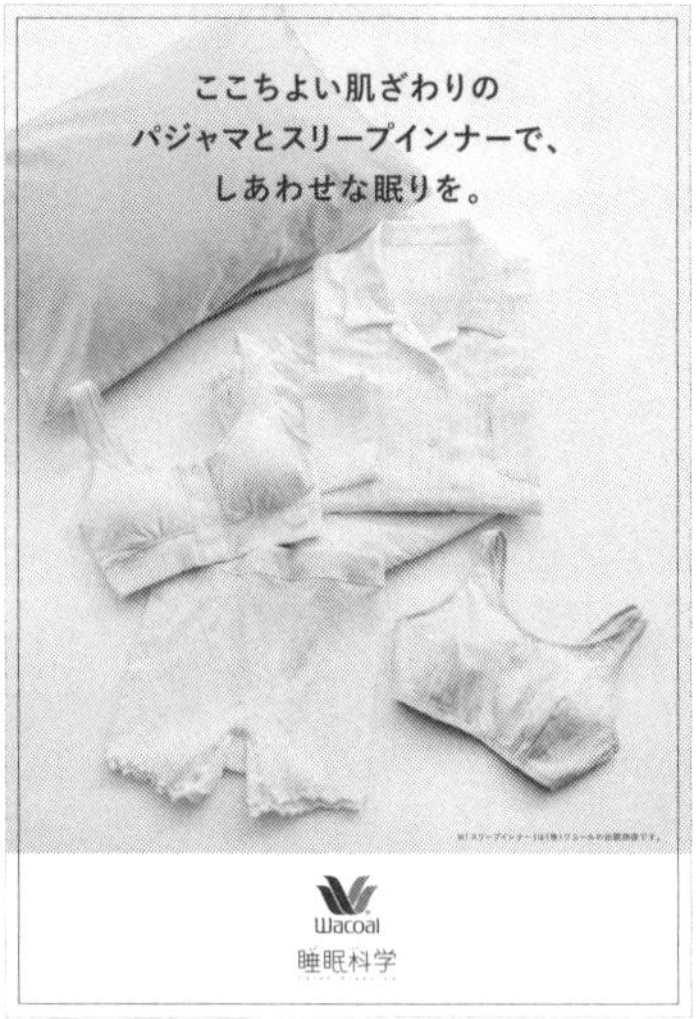

ワコール「睡眠科学」2021 春物。
ここちよい眠りの追求から生まれた「ふわごころ」のパジャマと「ねはだ着」と「ナイトアップブラ」

もなどに比べて脇腹にはあまり余分なゆとりがない方がいいとしている。

今やオールチャネルで下着ビジネスを展開しているワコールも、リード役を担ってきたのは百貨店・専門店の高級市場だ。対して、量販店市場を主力に、紳士、婦人、子供トータルで成長してきたのがグンゼである。肌着のグンゼとして知られる同社も、近年はこの「睡眠」「快眠」をキーワードに掲げてパジャマに取り組んでいる。

メリヤスを原点にしたグンゼのパジャマ

生糸の製造販売で一八九六年に創業したグンゼは、第二次世界大戦後にメリヤス事業に転換し、インナーウエアの分野で基盤を作ってきた。パジャマとのかかわりは深く、まず一九六四年頃からメリヤス編み機で作った生地による紳士物のパジャマの生産をスタート。婦人物・子供物は一九七七年、さらにスウェットタイプの紳士パジャマを一九七九年に始めている。つまり肌着のものづくりのノウハウの上に立ったパジャマが同社の強みとなっているのだ。

一九七七年に組織化された同社のナイトウエア部門は、その名も「パジャマセンター」であった。二〇〇〇年にその部門名が「ハウスカジュアルセンター」に変更されて以降は、ハウスカジュアル、つまりナイトウエアやパジャマをもう一歩アウターに進めたラウンジウエア、リラクシングウエアを強化し、消費者のライフスタイルの変化に対応している。一九九〇年代に力を入れていた「ミチコロンドン」などのライセンスブランドも印象的だ。

さらに二〇〇八年には「快眠ブランド」をスタートさせ、その後「カイミンナビ」として現在に至っている。この「快眠」をコンセプトにしたパジャマは、もともと一九九〇年代後半から二〇〇〇年にかけて力を入れて開発していた機能性パジャマがベースにある。機能性パジャマとは、どちらかというとシニア向け商品開発の中で、体温調節の衰えてきた年配者に向けて、消臭加工を施した生地の使用や、太ももなど体の部位に合わせて発熱効果のある素材を付加するということから発展してきたという。

グンゼでは一九九〇年代後半から肌着の快適性を研究する機関として「快適工房」という研究所を設置し、肌着、ストッキング、パジャマといったカテゴリーを超えた連携の中で、加齢による冷えの研究なども行っていたが、その中から年配層に限らず幅広い年代に向けて快適な睡眠環境を見直すという動きが生まれたようだ。二〇〇三年には、松下電工をはじめ、寝具や薬品など九社の異業種連携で生まれた「快眠コンソーシアム」での情報交流も盛んに行われ、ポータルサイトでの取り組みも活発化した。ちょうど二〇〇三年には同社の「W保温パジャマ」が日本生理人類学会認定「PAデザイン賞」を受賞したことも引き金となり、その後の快適商品の開発や販売に拍車がかかった。二〇一八年春夏シーズンには、綿100%と日本製にこだわったものづくりを特長に「肌着屋さんのこだわりパジャマ」を発売している。さらに、ストレスフリーにこだわった新ブランド「LiRaku（リラク）」は、上衣とズボンに縫い目がなく、胸部分の生地を二重にしているという、まさに同社の強みであるフリーカット素材「カットオフ®」の肌着と同じ考え方で開発されたパ

肌着メーカーのこだわりを活かしたグンゼのパジャマ。「カイミンナビ®」パジャマ(2020年)。紳士物（左）と婦人物（右）

ジャマとなっている。肌の弱い人が多い日本において、縫い目の肌への負担は一つのネックであり、縫い目がない、切りっぱなしでも生地がほどけないというのは重要なポイントになっている。

ホームウエアもグローバル化の時代へ

実際のところは、家ではスウェットやTシャツなどカットソー素材の上下が定番（チュニックにレギンスといったシルエットの変化も含めて）という人がまだまだ多数派を占めているに違いない。そういう中で改めて、このような正統派パジャマが見直されているのだ。

一般的にイージーでカジュアルなものが主体になっているのは世界共通だが、実際に寝る時に何を身に着けているかというと、ヨーロッパなどでは（もちろん地域差や個人差はあるはずだが）男女ともに、日本よりも裸に近いナチュラル志向が強いような気がする。もともと中世までは何も身に着けずに裸で寝ていたからというわけではないが、男性は上半身裸、女性も軽いニットのキャミソールというスタイルが多いのではないかと想像する。例えば、スリップというランジェリーアイテムも、日本のように昼用のアンダードレスとして身に着けるというよりは、夜のナイトウエア用に着られているようで、実際にメーカー側もほとんどがナイトウエアとして提案している。冷え性の私などは、年齢と共に肩を出すスタイルがすっかり苦手になってしまったが、この辺の皮膚感覚も民族や個人によって差があるというわけだ。

先に紹介した『ねむり衣の文化史』では、「ねむり衣の国際比較」として「眠る時に何を身に着けていますか？」という調査を二〇〇〇年に日本、アメリカ、フランス、韓国の四か国（回答数五三六、女性七五%、年代は十―七〇代で、二〇・三〇代が六割）で行っている。その質問に「パジャマ」と答えたのは、日本が最も多く四六%、次にフランスの三八%、そしてアメリカの三〇%となっている。

これは実際にアメリカやイギリスの売り場を見ても顕著なのだが、かなり以前から、パジャマは上下揃ってというより、ボトムのパンツ（イージーパンツ）が単品で販売されているのが目につく。昨今のように上下揃ったパジャマがファッションとして注目されていると多少状況も変化しているだろうが、普通の人たちの基本的な衣習慣というものはそれほど変わっていないと思う。

さらに、そのパジャマを脅かす勢いの「スポーツカジュアルウエア」（スウェットやジャージ）も日本が最も多く四五％。また興味深いのは、フランスの二割の人が「裸」で寝ると答えている。日本の住環境や習慣に加え、近年はいざというときの災害に備える気持ちも強まっているかもしれないが、女性も男性も日本人のメンタリティとして、特定の相手にしか見せないパーソナルな衣服であったとしても、無意識ながらも、あまり女っぽいもの、肌を露出しすぎるものは敬遠されるという傾向が根強くあるように思う。その点、パジャマはそこそこきちんと感もある。なにしろ伝統的に身だしなみを意識する国民らしく、世界的に見ても日本ほどパジャマの好きな国はないのではないだろうか。というより、パジャマというアイテムはデザインが画一的で、欧米などに比べるとウエアとしてのデザインバリエーションにはやや乏しい面がある。もう少し、着ることを楽しめるようなものがあってもいい

「無印良品」は近年、オーガニックコットン100％素材に力を入れている。これは着心地の良さを追求した「脇に縫い目のない二重ガーゼパジャマ」㈱良品計画）

かもしれない。

グローバル化の進行と共に、国や地域による差も限りなく縮まっているのも事実である。一九九〇年代初頭からロンドンなど海外に出店を始めた良品計画の「無印良品」はその顕著な例といえる。当初は現地バイヤーに「ヨーロッパ人にはパジャマ上下では売れない」と言われた時期もあったらしいが、今や衣食住いずれも世界同一の商品構成で販売を行い、強い支持を得ている。同ブランドは、二〇一八年七月に国内と海外の店舗数が逆転して、中国を筆頭に海外シェアを拡大させている。もともと日常的な衣類からスタートしている「無印良品」。その衣服に対する考え方については、また改めて触れることにする。

まだ、日本のように「睡眠」を明確なテーマに機能性を追求したパジャマの商品開発に取り組んでいる例は、海外ではあまり目につかないが、「無印良品」などグローバルブランドのリードにより、これからさまざまなかたちで登場してくるのかもしれない。

ユニセックスやジェンダーレス、リラクゼーション、さらにサイエンスと、現代的な要素がつまっているパジャマ。スリープウエアでありながら、時にはモードなアイテムとして外に飛び出すこともできるパジャマは、まさに今の時代を象徴するアイテムといっていいだろう。

ファミリービジネスの伝統の上に立ち、新時代をあゆむフランスブランド

Lingerie　Le Chat（ル・シャ）

1987年の「パリ国際ランジェリー展」

フランスやイタリアには、それぞれの文化や伝統の上に立ったナイトウエアのブランドが少なからず存在していたが、近年はめっきり減ってしまった。その中でも「ル・シャ」はフランスを代表する専業メーカー（現在も創業者一族の経営）で、フランスらしい上品でエレガントなテイストを持ち味にしている。輸入業者を通して、日本にも1990年代から紹介されてきた。

最近は、家と外、フォーマルとインフォーマルといった衣服の境界が崩壊しているのを背景に、汎用性の高いものが充実している。

le chat

上：リボンを配した「ル・シャ」のブランド・ロゴ
左：ソフトなベロア素材の上下は、昼も夜もいろいろな着こなしができる
下：スリップからスタートした「ル・シャ」。ヨーロッパでは今もスリップをナイトウエアとして着る習慣が定着している。（写真は2019年 秋冬コレクション）

1934年
フランス東部、ブルゴーニュ地方にあるショファイユで、アントワーヌ・デュランが織工房を開く。これが「Lingerie Le Chat（ランジェリー・ル・シャ）」の始まりとなった。

1946年
アントワーヌ・デュランの娘、エメ・デュランが織工房を買い取り、彼女の夫であるジャン・シャルメと共に「Du Chat（Durand+Chalumet）」というブランドを作る。テキスタイル製造から最終製品への転換が彼らの考えだった。彼らがまず取り組んだ製品とは、当時あらゆるフランス女性がドレスの下に身に着けていたガーターベルト付きのスリップ。

1950年
夫妻の狙いは当たり、デザインによっては年間12万着以上売れるようなものもあって、ビジネスは急速に成長する。柔軟性と耐性の両方を備えたナイロンから作られた新しいアイテムが女性たちに受け入れられる。

1960年代
「Lingerie Du Chat」はフランス国内で2番目に大きいスリップのブランドになる。コレクションは、例えばアメリカ女優のドリス・デイなど、当時の女性らしいアイコンにインスパイアされたもので、そのエネルギーやリラックスしたシックさが羨望の的となる。

1975年
女性たちの生活、欲求やワードローブが大きく変化。エメとジャンの息子であるクロードと、妻のアンが会社の経営を引き継ぎ、ナイトウエアという新しい方向性を示す。
同年、ブランド名が「Du Chat」から「Le Chat」に変わり、パリの百貨店でのデビューを果たす。

1985年
フランスで〝コクーニング〟（繭のよ

うに家に回帰する現象）が大ヒット。「Le Chat」では初めてのラウンジウエアを開始する。新しいものや、よりソフトで快適な素材が追加された。ベロアのトラックスーツ（ジャージー素材の上下）やフリースのコンビパンツの時代。

1996年　新しいビジュアルアイデンティティで、ヨーロッパ市場での売上が拡大。市場では安価な勢力が足場を築きつつある中で、「Le Chat」は品質と耐久性基準で際立つ存在に。

2000年代　1980年代、90年代に始まったグローバリゼーションの勢いが加速。「Le Chat」のハイクオリティとフレンチスタイルは、ロシア、中国、中東、アメリカなどの国々にも拡大。現在は約30か国に輸出を行っている。

2012年　2009年に、両親の後を継いで会社のトップになったグレゴワール・シャルメがブランドのオンラインサイトを開設。ワールドワイドな顧客と小売店をつなぐ役割も果たす。

2013年　元祖スーパーモデル、近年はブランドコンサルタントとして活躍するイネスとの協業により、「イネス・ド・ラ・フレサンジュ」ラインを発表。

2015年　さらにランジェリーデザイナー、フィフィ・シャシュニルが参加したラインを発表。

2016年　ブランド設立70周年。ナイトウエア&ラウンジウエア分野のリーダー企業の一つとして成長を続けている。

オーガニックコットンが象徴するもの

二〇〇〇年前後からか、人々の関心の軸が次第に〈ブランド〉から〈素材〉へと移るようになり、特にナイトウエアやルームウエアには肌触りのいいものへのこだわりが強まっていった。肌に直接触れるものだけに、天然素材には根強い人気があるが、その中でも昨今盛んに耳や目にするようになったのが「オーガニックコットン」だ。

これは一般に無農薬の有機栽培で作られた綿のことを指し、環境問題意識の高まりとともに、この「地球にやさしい」コットンが知られるようになってきた。そもそも綿というのはそのイメージとは裏腹に、栽培に多くの化学薬剤が使われ、環境に大きな負荷を与えている。化学薬剤による環境汚染をおさえ、労働者の人権といった社会的規範を守って製造され、かつ認証機関の条件を満たしたものしか

オーガニックコットンの原料である綿花の畑（「プリスティン」提供）

オーガニックコットンとは呼ばない。日本においてその知名度があがってきたのは、二〇〇〇年に入ってからといっていい（ちょうど二〇〇〇年には日本のオーガニックコットン認証認定関連機関であるNPO法人日本オーガニックコットン協会が設立された）。近年は「サステイナビリティ」「SDGs（国連で採択された「持続可能な開発目標」）」という時代や政治の流れと共に、一般に知られるようになり、この二〇年でかなり身近な存在になってきた。大手のアパレルメーカーや小売りチェーンにも浸透が進んできている。

「ロハス」ブームが一つの契機

日本におけるオーガニックコットン市場を知る上で、パイオニア的な存在を果たしているのがアバンティである。現会長の渡邊智恵子さんが、一九八五年に設立した同社によって、一九九一年にオーガニックコットン原綿の輸入が開始され、一九九四年には日本国内での糸、生地から製品化までの一貫体制が確立した。

ている。

一九九六年には自社製品によるオリジナルブランド「プリスティン」がスタートし、「プリスティン」の事業本格化に当たって、渡邊社長に乞われて入社したのが、現社長の奥森秀子さんだ。子供服デザイナーからキャリアをスタートし、その時に百貨店内の商品開発を行う研究所で仕事をしていた奥森さんは、「すばらしい素材なのに、クリエイションが欠落していた」と当時のオーガニックコットンについて振り返る。一九九〇年代は、当時、盛んに開発されていた機能性素材、付加価値素材の一つという位置づけでオーガニックコットンがとらえられていて、まだ製品として魅力的なデザインが生まれる段階ではなかったようだ。

今日のように、おしゃれに敏感な人や、幅広い年代まで人気が浸透するきっかけは何だったのだろうか。同社が一九九五年に発売した布ナプキン（通常の使い捨て紙ナプキンではなく、洗濯しながら何度も使える布製の生理ナプキン）のインパクトも大きかったが、二〇〇〇年に入ってから販売した、インナーウエアにもアウターウエアにもなるようなおしゃれなチューブテレコ（丸編リブニット）のキャミソールが、一つの転

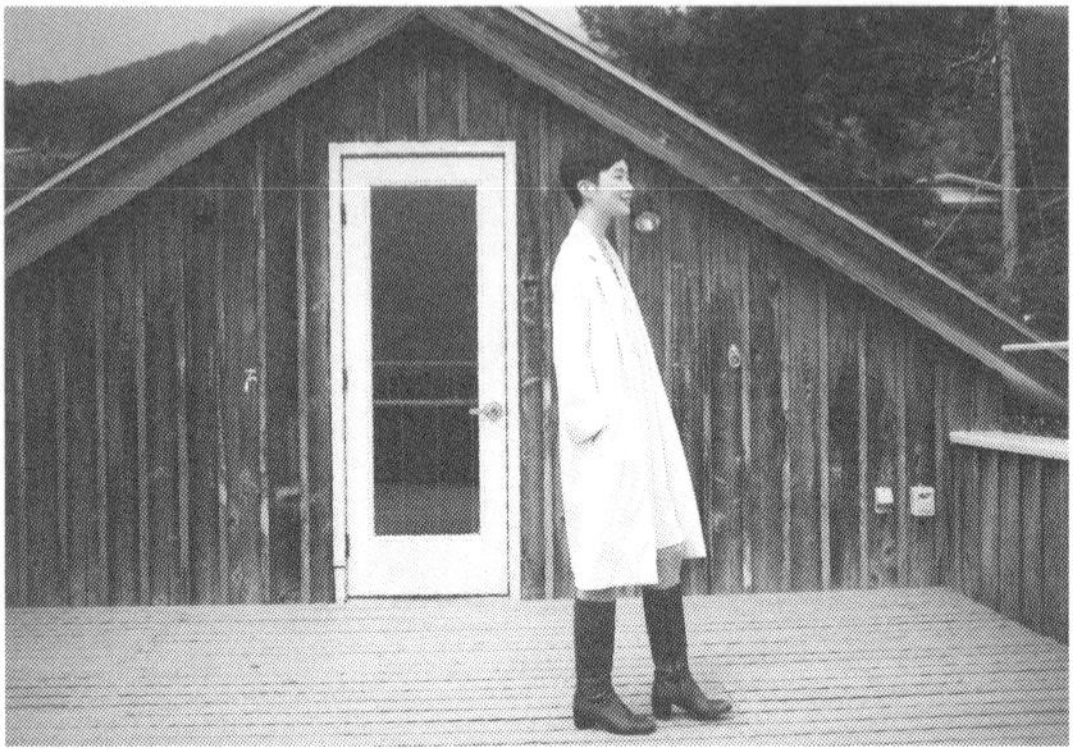

インナーからアウターまで、日本製と無染色にこだわる「プリスティン」

機となった。「アンダーウエアこそプリスティンが生きる道」と感じたというほどのターニングポイントとなったという。その後、ハーフトップブラやリラクシングウエアへと、オフタイムや家の中で肩の力を抜いて身に着けられるようなアイテムの開発を進めていったことが、ファンの拡大に大きく貢献した。

それ以前の顧客層は五〇代から七〇代が中心だったというが、今ではすっかり若返り、四〇代や五〇代を中心に、その子供世代と親世代の三世代に愛用されているという。レディス、メンズ、ベビー、ホームと大きく四分野で商品の構成を行っている。

いずれも日常的に使うもので、肌に近いアイテムが中心。これは同社に限らず市場全体の傾向として、何事も新しいことに敏感な女性がオーガニックコットンの購買のリード役ではあるが、近年はその意識が男性にも波及し、メンズの割合も増えているという。

外で着ることのできるトップスやボトムスが充実し、今ではコートなどの重衣料も展開している「プリスティン」だが、ベースにあるのはやはりインナーウエア（アンダーウエア）なのである。もちろんその背景には、インナーウエアの生産ロットの大きさがあり、インナーウエアをいかに定番化し、長くコンスタントに販売していくかがビジネスにとって欠かせないという側面も大きい。

「女性が最も求めているのは、毎日身に着けるアンダーウエアの心地よさ。それをワクワクときめくようなデザインで提案することで、女性の日常に寄り添えることに気がついた」と奥森さんは語る。先ほどのチューブテレコのキャミソールはまさにそういうアイテムであり、副資材として使っているトーションレース（糸を組んで作る細幅のレース）の開発を同時に進めたことも決め手になったとしている。さらに

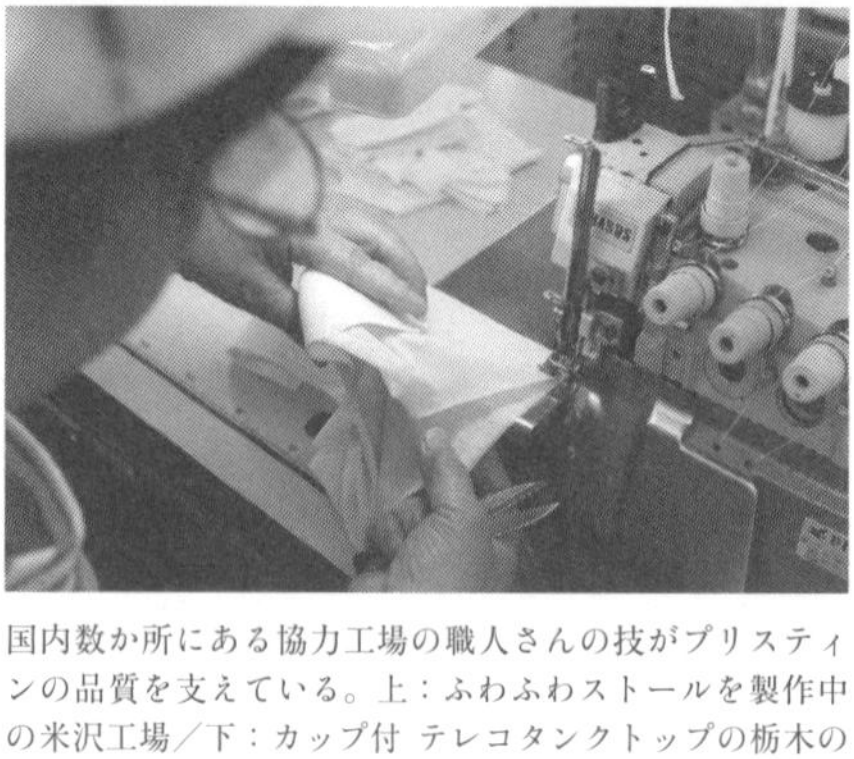

国内数か所にある協力工場の職人さんの技がプリスティンの品質を支えている。上：ふわふわストールを製作中の米沢工場／下：カップ付 テレコタンクトップの栃木の縫製工場

長袖シャツなどラインナップを広げ、改良を加えながら、同ブランドの代表的商品へと成長している。

ちなみに同ブランドは、基本的に色を染めない生成りを特徴にしており、環境に負荷を与えないものづくりの背景にあるものを伝えることに力を入れている。糸から製品まですべてが日本の国内生産であり、各工場との切磋琢磨の取り組みによって商品開発が成り立っている。

環境への強い問題意識がありながら、「プリスティン」のターゲットは、「オーガニック以外のものを排除するストイックな層ではなく、こんな暮らしがしたいというイメージを持って、楽しさや豊かさを大切にする、ある意味ではゆるい層」であるという。そこにオーガニックコットンの大衆化のカギがあるといっていい。

オーガニックコットンが徐々に知られていく過程においては、「ロハス」というキーワードを冠した健康ブームがあったことも忘れてはならない。二〇〇〇年代初頭のことだ。最近ではあまり使われなくなった言葉だが、「ロハス」とは「Lifestyle of Health and Sustainability」の頭文字を取ったもので、まさに近年盛んに言われている「サスティナビリティ（持続可能）」意識の萌芽期であったといえる。これは衣食住トータルなものだが、「ロハス」ブームによって、「オーガニック」が、それまでのごく一部の人に支持される特殊なものではなく、生活の一つの選択肢として一般に浸透していった。これは食の分野でより明らかで、一般的なスーパーでも「オーガニック」の表示が多く見受けられるようになった。人々が作り手の見えるものを求めるようになり、近年は食品ロスの問題意識も広がっている。

女性の生き方や意識の変化と共に

ホームウエアの分野において、オーガニックコットンを掲げた他のブランドが登場するのも、二〇〇〇年代に入ってからになる。

伊勢丹新宿店のランジェリー売り場で、「プリスティン」の隣で展開（二〇一九年時点）されている「ナナデェコール」は、女性誌の編集者である神田恵実さんが二〇〇五年に始めたブランドだ。あえて色を染めない生成りによってオーガニックコットンの魅力を伝えている「プリスティン」に対し、「ナナデェコール」は優しい色合いやプリントも積極的に取り入れている。特に眠るためのナイトウエアには、外で着る服とは異なる女性らしいもの、優しいものを身に着けてほしいという提案からだ。

「ナナデェコール」2020年春夏物の展示会にて。優しいプリントも目につく

もともと海外の蚤の市などで手にするネグリジェや寝具類の、洗いこんでふんわりしたコットンのような優しい肌触りが好きだった神田さんが、編集の仕事で「プリスティン」の商品を借りに行ったことをきっかけに、オーガニックコットンの意義やその魅力に目覚

「スキンアウェア」展示会風景（2019年）

めたという。周りに疲れてバランスを崩している女性が多いことにも背中を押された。

「例えば人参一つとっても、コンソメで味付けするのではなくて塩だけで本来のうまみを引き出す。人間もヨガによる浄化など、引き算することによって、体が本来持っている治癒力が出てくるのです。疲れている時にはとにかく体をゆるめて、深く眠ること。そのための切り替えのツールがオーガニックコットンのナイトウエアです」。神田さん自身の体験や実感がベースにあるので説得力がある。

自分のことを考えてみても、確かに二〇〇〇年代というのは妙に疲れていたような気がする。不眠や病気になることはないまでも、常にストレスが充満していて、自分へのご褒美と称しながら、マッサージやネイルケアにも頻繁に通った。当時は「癒し」という言葉が盛んに使われていた。世界的な時代背景としては、二〇〇一年のアメリカ同時多発テロ事件に始まり、グローバリズムの矛盾が現れてきた時であった。

また、婦人服デザイナーの可児ひろ海さんによるランジェリーやワンマイルウエアのブランド、「スキンアウェア」もほぼ同時期の二〇〇四年にスタートしている。もともと婦人服分野でキャリアを積み重ねていた可児さんは、二〇〇一年からは「コクーン」というブランドで東京コレクションにも毎シーズン参加していた。当時はファストファッションの台頭などでファッション業界が大きく変化していた時期。クリエイティブなファッションの魅力を伝えるセレクトショップでも、ブランド製品を買い付けることから、オリジナル生産によって効率を追うスタイルにビジネスが変化していた。そんな状況の中で、自分はファッションにどうかかわっていこうかと模索していた時に、オーガニックコットンを扱うパノコトレーディングという商社と出会い、これこそ自分のアイデンティティの証明につながると実感したという。そのブランド名に託されているように、肌に目覚めるということは自分自身に目覚めることであり、地球に目覚めることにつながるというわけだ。

事情があって二〇〇八年にいったん休止し、二〇一三年に再出発したが、その五年の間に一般の人の意識が大きく変化していたことに驚いたという。環境問題に関して、以前はみなどこか他人事であったが、リアルなものとして感じられるようになっていたのだ。二〇一一年におきた東日本大震災の影響も大きく、食の安全にも目が向けられるようになると、次には着るものと健康との関係へと意識が向かっていったのであろう。「〈食〉でいうと体にいいものとおいしいものが合致するように、ファッションも着ることで健康になるもの、機能性とデザイン性の両方がかなったクリエイティブなものをつくりたいと考えています。〈エシカル〉（倫理的）の次は〈メディカル〉。これからは女性の体の変化に応じた医療的なアプローチも課題としていきたいと思っています」と可児さんは語る。オーガニックコットンらしい生成りをはじめ、カラードコットン（自然の綿花に色のついたもの）やボタニカルダイ（ハーブや花の天然染料）など、自然の色を積極的に取り入れているのも「スキンアウェア」の特徴だ。中でも人気があるのが、日本古来の伝統的な植物染料である茜《あかね》で染めた赤い下着（ブラ＆ショーツ中心）。高揚感を与えてくれる視覚的な色の効果はもちろんのこと、昔から茜色は血行促進や保温効果にいいといわれている。このように、皮膚に及ぼされる植物の効能についても可児さんは目を向けている。

生産者から消費者へ「伝える」

この両ブランドに共通しているのは、「伝える」というキーワードだ。「スキンアウェア」の可児さんは、オーガニックコットンを栽培する現場であるインドへ足を運び、そこに数日滞在して多くの人と交流しながら、世界規模の生産システムやその背景にある地域の事情や歴史を学ぶ機会を大切にしている。それはまさに「生産農家からのバトン、インド独立運動の父であるガンジーから受け継ぐバトン、その

「スキンアウェア」のデザイナー・可児ひろ海さん（写真中央）が参加したインドでのオーガニックコットン収穫祭（「BioRe（ビオレ）ファンデーション」主催）の様子

ずっと先に自分がいる」という体験である。そして、自分自身の役割については、「生産の現場を日本人に知ってもらうというよりは、ファッションを楽しんでもらうことによって幸せになってもらうこと」と再確認している。

また、「ナナデェコール」の神田さんは、「幸せの循環をシェアする」という考え方で、同ブランドの展示会の中で異業種と共にワークショップを行ったり、月一回のマーケットを開催したりしている。子どもも食堂の活動にも積極的だ。「着ることによって効果が出る」ことを自分は伝えていきたいと、神田さんは力強く話す。

「オーガニックコットンのパジャマを着て寝ると、体がゆるんで眠れるようになります。日々の疲れがリセットできて健康になるのです。使い古しのものを着ていたら疲れるだけだと思います。正しい循環で作られるものだからこそ体を癒してくれるのです」。体にいい、肌に気持ちいいというのは、単なる主観的な触感の問題だけではなく、地球環境問題を考える社会貢献という社会性も含んでいる。現代における「消費」には、こういった社会的な意味が占める割合が大きくなっている。

昨今、サスティナビリティやエシカル、あるいは地球温暖化という言葉と共に、人々の間に環境問題への意識が高まり、何かものを一つ買う時も、共感する企業のものを買いたいというように変化してきている。商品そのものの魅力はもちろんだが、今ほど企業姿勢が問われるようになったことはないだろう。

「「気持ちがいい」というのは、実際に身に着けて肌触りが気持ちいい素材という面と、それが作られる背景や意義を知った上での気持ちよさという面の、二つがある」とは、冒頭で紹介したアバンティの社長・奥森さんの弁だ。アバンティでは渡邊会長を中心に、東日本大震災の被災地雇用創出を目的にした東北グランマの仕事づくりや、農村でのソーシャルビジネスやビオマルシェなどの活動にも力を入れている。

オーガニックコットンの製品ブランド「プリスティン」の今後の課題としては、アップサイクルが上げられている。アップサイクルとは、再利用を超えて、古布や廃材をより製品価値の高いものにつくり直すことだ。高品質な製品を使い続けることを提案していきたいと意欲をみせている。これまでも家で眠っている古い製品の染め直しなどを手掛けてきたが、そういった「リプリプロジェクト」の一環として、回収した製品や縫製のプロセスから出る裁断生地をもう一度綿にもどして生地にする（「反毛」と呼ばれる再利用技術）「リコットン」のプロジェクトもスタートした。

このように単なる素材の一種類にとどまらず、多様な広がりを見せているオーガニックコットンだが、これだけポピュラーになってくると、末端の製品市場における内容や質のレベルもさまざまになり、糸だけでなく工場や加工も含めて、基準となる認証が重要になってくる（世界のオーガニックコットン認証認定関連機関は、代表的なGOTSをはじめ、いくつかある）。販売する百貨店などの小売業や店によっても基準はまちまちで、オーガニックコットンを特長としたブランドであっても、「オーガニックコットン」と売り場でうたうことができない場合もあるようだ。また、生産現場にはさまざまな課題があることにも目を向けなくてはならないだろう。

一方で、肌触りの良さや天然素材を持ち味にしながら、あえてこのオーガニックコットンを使わないブランドもある。一八八四年にスイスで誕生したニットのプレミアムブランド「ハンロ」は、リヨセルなどの再生セルロース繊維を中心に、サスティナブルに対する取り組みを行っている。

オーガニックコットンは市場が増えたといっても綿全体の一割にも満たない。決して主流になるものではないが、衣服全体への影響力やそれが担っている役割は決して小さくない。常に値崩れや価格競争にさらされてきた通常のコットンとは異なり、割高だが価値があるという位置づけが定着している。同時に、「オーガニックコットン」という言葉には、体にやさしくナチュラル感があって、いかにも体に良さそうな響きがある。リラックスしたパーソナルな時間を過ごす時の衣服にはぴったりといえるだろう。

いずれにしても、かつて、二〇〇〇年代初頭までは自分の健康や癒しに目が向けられてきたが、最近は社会全体、いや地球規模に人々の視点が広がってきている。これは大きな変化である。

人、環境、社会にやさしいオーガニックコットンのパイオニアブランド

プリスティン（PRISTINE）

日本におけるオーガニックコットンのパイオニアであるアバンティのオリジナル製品ブランド。地球環境問題への強い意識をもとに、原材料開発からの一貫体制、国内縫製工場との強固なネットワークを強みに、ものづくりへの挑戦を続けている。アウターウエアまで幅広いアイテムを提案しているが、ブランドのベースを支えているのは、女性の肌に寄り添ったアンダーウエアやホームウエアである。環境にやさしいこととファッショナブルであることが、長年にわたってここまで両立しているブランドは少ないのではないだろうか。

次頁：（上）ブランドの大きなターニングポイントになったチューブテレコキャミソール
協力工場と共同で着心地のよいコットンの製品を生み出してきた

1985年　渡邊智恵子が㈱アバンティ設立。
1990年　オーガニックコットン原綿輸入開始。
1991年　原綿から糸、生地、製品までの一貫供給体制が確立。
1996年　オリジナルブランド「プリスティン」スタート。松屋銀座店に売り場オープン。
1997年　ロングセラーアイテム、ハーフトップとスタンダードショーツ発売。
1999年　阪急百貨店梅田店に「プリスティン」の売り場オープン。
2000年　就寝時向けおやすみソックス発売。NPO法人日本オーガニックコットン協会設立。渡邊智恵子が副理事長に就任。
2002年　「プリスティンベビー」スタート。
2004年　パリの国際素材見本市「プルミエールヴィジョン」に初出展。
2005年　千駄ヶ谷に本店ショップオープン。
2006年　無縫製リブタートル、ヤクコットン無縫製リブタートルを発売。後年、ロングセラーアイテムとなる。チューブテレコキャミソール発売、「プリスティン」成長にとっての大きなターニングポイントになる。
2007年　松屋銀座店内、伊勢丹新宿店内に直営ショップがオープン。
2008年　成型のレーシーブラやショーツ（コットンの混率を90％にまで増やすことに成功）を発売。さらにセーターインシリーズ発売。
2009年　アバンティが毎日新聞社主催「第26回ファッション大賞」受賞。副資材に至るまでオールオーガニックコットンで作ったブラジャーとショーツを発売。新宿区優良企業表彰経営大賞「区長賞」受賞。経済産業省「ソーシャル

JOCA
Japan
Organic Cotton
Association

２０１０年　ビジネス55選」選出。
渡邊智恵子がＮＨＫ「プロフェッショナル仕事の流儀」に社会起業家として取り上げられる。以降、アバンティの社会活動が積極化する。

２０１１年　チューブテレコ長袖プルオーバー（クルーネック、タートルネック）発売

２０１２年　「プリスティン」を代表するオーガニックコットン１００％の定番パジャマ、綾織りダブルガーゼパジャマを発売。次いで、表がリネンコットン、肌側がオーガニックコットンの二重構造になったガーゼ素材のパジャマ発売。冬の肌着として人気のシルク混チューブエアニットシリーズ発売。

２０１３年　本格的な路面直営店としての2号店が自由が丘にオープン。
サニタリーストリングショーツ発売。

２０１４年　ふわぴたスワンブラ・ふわふわスワンショーツ発売。
路面店3号店が吉祥寺にオープン。
大丸松坂屋札幌店内に直営ショップオープン。

２０１５年　タートルウォーマーパジャマ発売。

２０１６年　夏に涼しい、風通るブラジャー・風通るショーツ発売。
ＪＲ名古屋タカシマヤ店内にショップオープン。

２０１７年　大丸神戸店内にショップオープン。

２０１８年　カップ付きテレコタンクトップ、パンケーキニットシリーズ発売。
渡邊智恵子が代表取締役会長に、奥森秀子が代表取締役社長に就任。

２０１９年　路面店4号店が熊本にオープン。

ファッションとイノベーション

テクノロジーの変革による時代の大きな転換期ともいえる二〇一〇年前後からは、ホームウエアの分野でも従来の範疇ではとらえきれない新しい動きが見られるようになった。

ファッションの代表としては、都会の方々でショップを目にする「ジェラートピケ」。イノベーションの代表としては、リカバリーウエアの「ベネクス」。この二つのニューコンセプトブランドを通して、今後の大きな方向性のようなものが見えるような気がする。

「大人のデザート」で新市場開拓

ホームウエアの革命児といえるのが、百貨店やファッションビルの中で多店舗展開している「ジェラート ピケ」だ。パステルカラーを基調にした、スイーツ店のような店構えのこのブランドは、近年の国内市場において、一般の目をパジャマやルームウエアに向けさせた立役者といっていい。同ブランドはもともとアパレルとは無関係な異業種からの参入である。不動産広告用ＣＧ制作のデザイン会社としてスタートしたマッシュホールディングス（現）が、「究極のデザイン」を追求し、二〇〇五年にファッション事業に参入したのが始まりだ。

婦人服ブランド「スナイデル」でキャミソールなどのインナーを作っていたことをきっかけに、「家で過ごすための、かわいいものがあったらいいね」という発想を発展させてかたちにしていったのが「ジェラート ピケ」だったという。同社は今や、ウェルネスデザインを軸に、食やエンターテインメントまでトータルな事業

を展開している。「ジェラート ピケ」と同様、全国に五〇店舗以上を展開している
オーガニックコスメの「コスメキッチン」も同じ企業グループだ。
「ジェラート ピケ」というブランド名からも察せられるように、ブランドコンセ
プトは「大人のデザート」。通常の商品企画とは異なり、ケーキやアイスクリーム
などのギフトボックスという考え方で、スタートに当たっては社内スタッフが総出
でデザートにまつわる要素を考えていったという。メインディッシュ（アウターウエ
ア）でいくらお腹いっぱいであったとしても、デザート（ルームウエア）は「別腹」と
いうことに着目し、価格についても買いやすい「デザート価格」を意識したもの
にした。「仕事から疲れて家に帰って、食事や入浴を済ませ、寝るために着替える。
〝着替える〟ことは億劫だとネガティブにとらえるのではなく、さあ、何を着てど
う過ごそうかと楽しみにする。このスイッチが入れられるブランドにしたいと考え
た」。こう話すのは、同ブランドの立ち上げから関わっている豊山ＹＡＭＵ陽子さ
ん（㈱マッシュスタイルラボ執行役員ブランドマネジメント部部長兼ジェラートピケ事業責任者）で
ある。しかも、従来のナイトウエアという範疇ではなく、「家で過ごすためのファッ

ション」という考え方で、売り場環境もランジェリーやリビングのフロアではなく、ファッションフロアに展開していくことを意識した。二〇〇八年、西武百貨店池袋店にオープンした一号店の反響は大きく、ルミネやアトレといった首都圏の主要ファッションビルや他の百貨店にも直営店を広げていく。当時はSNSも今のようにはまだ発達していなかったが、モデルやタレントの口コミをはじめ、タイアップなどのメディア露出などを重ねることによって、ファンを拡大させていった。

当時の市場環境を振り返ると、既に二〇〇〇年代初頭からネットを活用したマーケティングの手法は登場していた。この時期は「おうちウエア」などという呼び方（私はその呼び方をやや奇異に感じたものだが、昨今のコロナ禍でまた復活している）も登場し、ルームウエアに再び脚光が当たっていた。当時の女性誌やファッション誌を見ても、タレントが愛用するルームウエア、ホームウエアといった企画が目につく。ちょうど海外では「コクーニング」（巣ごもり）というキーワードが盛んに聞かれた頃だろうか。「おうちウエア」とは、女性向け情報サイト「カフェグローブ・ドット・コム」がユーザー参加型で開発を行ったオリジナル商品で、当時の人気モデル、SH

ＩＨＯがプロデュースに当たり、百貨店の店頭でも販売を行っていた。

もこもこ素材の人気が定着

「ジェラート ピケ」の一番の特徴といえば、あの毛足のある独特のもこもこ素材（ボア生地のバリエーション）にある。見た目にかわいいだけでなく、ぬいぐるみのように気持ちのいい肌触りで、体にもよく馴染む素材だ。適度な保温性もある。アメリカのブランド「ベアフットドリームズ」や「カシウエア」にも共通性があるが、どちらも二―三万円台と高額なのに比べ、「ジェラート ピケ」はその半額弱程の価格帯で、身近な感じがする。また、一口にもこもこと言っても、「ジェラート ピケ」はふんわりとしたケーキスポンジのようなジェラート、口溶けのいい滑らかでソフトなスムーズィー、ふわふわもこもこでサラリとしたパウダー、温もりのあるふかふかのスフレと、微妙に異なるタイプがそろっている。スイーツになぞらえ

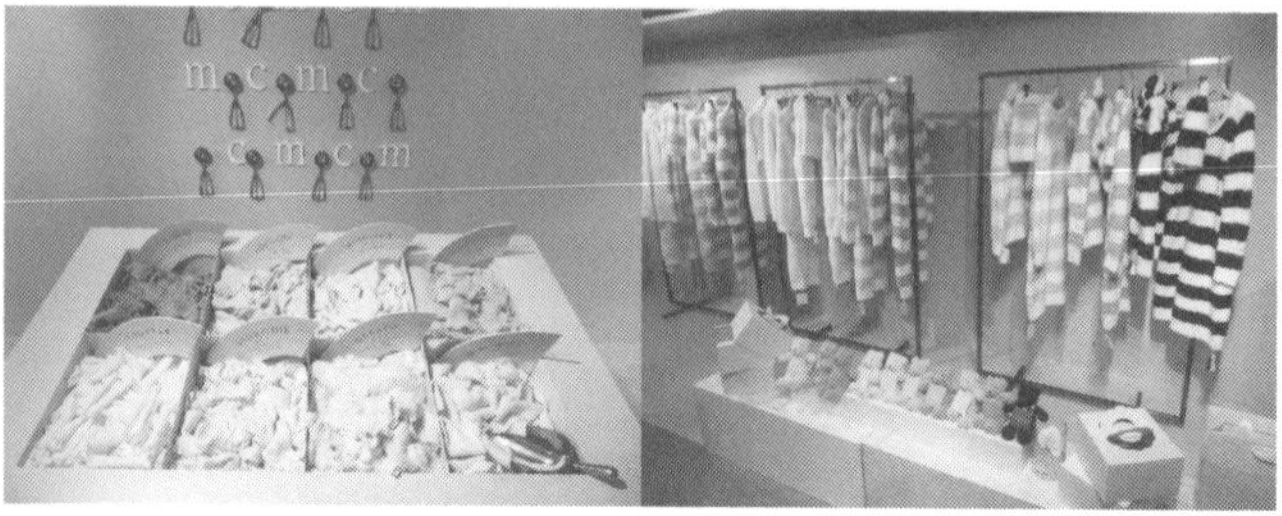

「ジェラートピケ」のコンセプトは“大人のデザート”。10周年の展示会では、もこもこ素材の種類や色の豊富さがわかりやすく紹介されていた

た感触の素材がそろっているだけでなく、色使いも白やパステルカラーをはじめ、チョコレートの茶色なども含め、甘い菓子類からインスピレーションを受けたものが充実している。まるでスイーツを選ぶように、自分自身が身に着けたいものを選べる。この発想が、十年以上にわたる人気の強さの基盤を支えている。

この「スイーツのような」という発想は、その後、いろいろなところで目に着くようになり、一時は流行にもなった。化粧品やスイーツにはその時々にトレンドがあって、ファッショントレンドにも影響を及ぼしている。近年もカップケーキやパンケーキなどいろいろなトレンドが登場したが、二〇一九年時点では何といってもブームのトップはタピオカのドリンクであろう。こういった志向はグローバルだが、「かわいい」文化がもてはやされる日本が突出しているのはいうまでもない。昨今の「インスタ映え」志向がブームを後押しするかたちだが、たいていは短命に終わってしまうことも実に日本的だ。

「ジェラート ピケ」はブランド十周年を一つの契機に、さらなる挑戦を進めている。従来からのキッズに加え、二〇一五年から始めたメンズと合わせたファミリー展開を推し進めている。素材についてはブランドの顔になっている〝もこもこ〟に加え、ガーゼやコットンなどの天然素材や接触冷感などの機能素材も充実させていく考えだという。

また、販路開拓において、二〇一七年にニューヨークに路面店をオープンさせるなど、海外市場にも意欲を見せている。国内はFCチェーン五〇数店舗の店頭販売に加え、最近はネット販売のウエイトが拡大しているという。

リカバリーウエアという新発想

ホームウエアという領域が多面的に広がりを見せているが、その新しい市場といえるのが、近年注目を浴びているリカバリーウエアだ。着ているだけで疲労回復や休養、快眠が図れるということを狙った、新しい領域の衣服である。その先頭を切るのが「ベネクス」のリカバリーウエア（休養時専用ウエア）だ。スポーツウエアのようなベーシックなTシャツやパーカ（フーディー）が多いが、独自の最先端テクノロジーにより、その生地にはナノプラチナなどの鉱物を糸の一本一本に練りこんだ特殊繊維素材・PHTが使用されている。機能的にいうと、ウエアから微弱電磁波を放射することで、人体の樹状細胞を直接刺激し、副交感神経を優位にするという理論である。副交感神経が優位になると、血流が促されることによって代謝が促進されて疲労物質などの老廃物が除去され、それにより睡眠の質が向上して人体本来の回復能力が向上することは、最近では一般にだいぶ知られるようになってきた。

同社は二〇〇五年、神奈川在住の三人の男性によって起業された。リカバリーウエア開発のきっかけは、その一人、社長である中村太一さんの介護経験にある。介護施設支援の運営会社に勤めていた中村さんは、床ずれ（褥瘡）のひどい人たちを現場で目の当たりにし、床ずれをケアするベッドパッドには大きなニーズがあることを知り、商品開発を始めた。そもそも床ずれは代謝の低さからくるもので、代謝をあげるためには副交感神経を刺激することが重要と、試行錯誤で開発を進めていった。だが、当初はなかなか思うようには営業活動がうまくいかなかったという。ある時、介護施設関連の展示会に出展したところ、某有名フィットネスジムの人が通りかかり、たまたま余った素材で作って展示していたウエアに、「アスリートのリカバリーにいいのではないか」と目をとめてくれた。これが大きな転機となり、中村さんたちはスポーツ業界で注目され始めていたリカバリーについても調査研究を始めていった。二〇〇八年のことだ。当時、競泳選手として多くの金メダルを獲得したイアン・ソープを輩出したオーストラリアには、リカバリーセンターの研究機関がすでにあったが、リカバリーウエアという発想は、世界のどこにもまだなかったという。「健康を維持し、からだを強くする要素は、運動・栄養・休養の三つですが、休養についてはほとんど科学されていないし、特にウエア（着るもの）はなかったから、ここを本格的にやっていこうと、大学の先生方の協力を得てエビデンスをとりながら研究開発を進めていきました」と、中村さんは話す。

「休養」の質をあげる取り組み

その後二〇〇九年には、神奈川県のコンソーシアム事業に採択され、ベネクス×東海大学×神奈川県の産学公連携事業として、神奈川県主催の展示会で同リカバリーウエアが紹介され、翌年には発売がスタートした。さらに、二〇一八年には神奈川県の「ME - BYO BRAND」に正式認定されている。売り場の方も、二〇一〇年に伊勢丹メンズ館ゴルフ売り場で取り扱いを開始したが、スポーツのリカバリーというよりは、仕事で疲れているときによく眠れるという評価を得たという。「睡眠負債」という言葉にも象徴されるように、この頃から「睡眠」に対する人々の意識が高まりを見せ、今日に至っている。国内に限らず、海外への働きかけも始めており、その足掛かりとしてまず世界最大規模のスポーツ用品見本市ＩＳＰＯに出展した。リカバリーという目新しいコンセプトが評価されて、日本企業として初めて金賞を受賞（二〇一三年）するという栄誉にも輝いた。二〇一七年にはドイツにショップを開設し、ヨーロッパ市場にも進出している。当初はまずアスリートに支持されてファンを広げていった同ブランドだが、二〇一八年を境に、アスリートから一般のビジネスパーソンなどアスリート以外へ、男性から女性へと比重が逆転した。売り場も従来のスポーツからウェルビーイングへと変化し、「美と健康」に関心のある四〇代を中心にしたライフスタイルブランドとして成長しつつある。

デザイン面では、当初はフーディーやパンツなどユニセックス感覚のスポーツウエアのようなものが中心だったが、単に眠る時だけではなく、休日をゆっくり過ごせるようなワンピースやカーディガンなど、女性用のおしゃれなデザインも増えている。ウエアへの導入篇として人気の高い、ネックカバーやアイマスク、ソックスといった小物も充実している。二〇二〇年秋からは睡眠のためのブラジャーとショーツも発売した。

デザインの広がりに伴って、素材についても、リカバリー機能のコアとなる特殊繊維素材・PHTは基本にしながらも、ハニカムメッシュ（立体構造のメッシュ）やベア天竺（ポリウレタンが編みこまれた伸縮性のある天竺）、天然素材ならではの着心地や吸放湿性に富んだコットンのシリーズと、素材のバリエーションも広がっている。ただ着られればいいのではなく、ファッション性はもちろんのこと、休養に最適なパターンであることも大事になっている。また、ウエアに限らず、寝具の取り組みも継続させている。近年ではロフテーとの共同開発による「リラクシングピロー」のピローケースには、ベネクスの素材が使われている。

このように商品構成や市場は徐々に拡大しているが、ターゲットについてはリード役となるアスリートを筆頭に、ボリューム層となるのは忙しいビジネスパーソン、そしてもともとのきっかけとなった高齢者というように、体力の許容量も「休養」の意味合いも異なる三段階を見据えている。つまり、「心身を休めるための積極的休養の服」はどんな人にも必要なウエアであるのだ。単にオフタイムにリラックス

ベネクス2020年春夏物。
女性らしいワンピースなどの
アイテムも充実してきた

ベネクス2020年春夏物展示会風景。ネックカバーやソックスなどの小物類も人気がある

するというより、もっと積極的に休むための機能性を持ったウエア。これはホームウエアの一つの未来を代弁しているのかもしれない。

本格的な高齢化社会の到来、あるいはデジタル化の進行と比例する高度なストレス社会の中で、人々の健康への意識が減退することはないだろう。ヨガやウォーキングなどの日常的なスポーツもすっかり定着し、スポーツウエアもルームウエアの延長として多様化が進んでいる。衣服であるからには、ファッション性はあって当たり前の時代。これからはより機能性を追求した、新しいコンセプトを持った魅力的なホームウエアがさらに生まれてくるのではないだろうか。

もこもこ素材で革命をおこした スイーツのようなルームウエア

ジェラート ピケ（gelato pique）

〝スイーツ〟をコンセプトにしたルームウエアブランド、「ジェラート ピケ」。今や、衣食住のライフスタイル全体にわたり目覚ましい発展をとげているマッシュグループにとって、歴史的には「スナイデル」に次ぐ2つめのファッションブランドとなる。スタートから10年で大きく成長した。ドラマや映画で人気の若手女優が着用したことも人気を大きく後押ししたようだ。

もこもこ素材を特長にしながらも、肌にやさしい天然素材、さらに機能素材といった新機軸を加え、ファン拡大に挑んでいる。

2008年　CG制作会社としてスタートした㈱マッシュスタイルラボが2005年に新設したファッション事業部の中で、2つ目のブランドとしてルームウエアブランド「ジェラート ピケ」を立ち上げる。1号店は池袋西武内。

2009年　秋冬シーズンに、キッズ&ベビーをスタート。

2011年　中国の上海伊勢丹にアジア店舗初出店。メンズ（HOMME）をスタート。

2013年　㈱マッシュホールディングス設立により新経営体制に移行。各部門が100%子会社として得意分野に特化した持株会社となる。「ジェラート ピケ」は「スナイデル」など複数のブランドと共に、アパレル部門を担う㈱マッシュスタイルラボにて展開。同年、グループ内の飲食部門にて「ジェラート ピケ カフェ」の展開も開始する。

2015年　フランスの三つ星レストラン、ジョエル・ロブションとのコラボレーションラインをスタートする。

2017年　マッシュグループがアメリカに現地法人を設立し、北米に進出。

2018年　「ジェラート ピケ」のブランド設立10周年。オフィシャルサイトでWEBストアをスタート。ニューヨークに路面店をオープン。

2021年　コロナ禍のステイホームによって家の中でのファッション、ルームウエアに目が向けられ、新規ファンも増えているという。2月には寝具ライン「ジェラート ピケ スリープ」を立ち上げた。

左：パリの裏通りにあるようなスイーツ店をイメージしたショップ（ルミネ横浜店）
右：ルームウエアのあこがれブランドとして人気を誇る（2016年 WINTER）

衣服は素材がいのち

ホームウエアに限らず、衣服のベースをつくっているものは、素材である。ファッションの流行（トレンド）というものを最初に発信するのは素材業界で、パリの「プルミエールヴィジョン」という服飾素材の国際総合見本市には、多くのファッションビジネス業界関係者が世界中から集まることで知られている。ランジェリーでいえば、パリの「アンテルフィリエール」という素材展が製品見本市に併設されていて、そこには主素材の生地からレース、副資材やパーツまで多様な種類が紹介されている。いずれもトレンドの創出という意味では、パリ中心に専門の企画会社がいくつかあって、業界に向けて発信されてきたのだが、時代の変化と共に小売や流通、あるいはエンジニアリングやテクノロジーが主導する動きもあって、いまやトレンドも従来の意味とは異なり多様化が進んでいる。

ナイトウエアやラウンジウエアなど、ホームウエア全般に使われる主素材は、種類豊富ではあるが、それでも外出を目的とした服に比べれば、その選択肢は多いとはいえない。何より着心地や丈夫さが優先されるからだ。

順序はだいぶ後になってしまったかもしれないが、ここで改めて、ホームウエアに使われる素材の基礎知識を復習し、今まで触れてこなかった素材にまつわる過去のエピソード、そして近年あらわれている新しい動きを紹介しながら、これからの素材の可能性に、思いを巡らせてみよう。

ホームウエアの人気素材とは

衣服の素材とは、織物（布帛）と編物（ニット、ジャージー）に大別される。ホームウエアの中でもことに寝る時のスリープウエアは、肌に直接着けるものだけに天然繊維が好まれ、主力となっているのは綿または綿タッチ（化合繊であっても綿に近い風合い）の素材といえるだろう。同じく肌に近い衣服であっても、ブラジャーなどとはこの辺が大きく異なる。ブラジャーはバストを支える機能が重要なために、素材にもフィット性やサポート力が求められるし、肩ひもやカップ、ワイヤーやフックに至るまで、実に多くの種類の素材が使われている。

さらに、ホームウエア関連の素材の種類を見ていくと、天竺やフライス、パイル（いずれも編物）、あるいはダブルガーゼ（織物）のように、年間通して人気のあるものもあるが、夏であれば楊柳やサッカーといった涼しい素材を着たくなるし、冬であればフランネルやフリースなどの起毛素材や、ボア、キルトニット、接結（段ボール編み）といったあたたかな素材が恋しくなる。ラウンジウエアやルームウエアなど、用途が外着（アウターウエア）に近寄れば近寄るほど、使われる素材の種類は広がる。

さすがにレザーやファーは家では着ないと思われるかもしれないが、そうともいえない。パリで開かれるインテリアの国際見本市、「メゾン・エ・オブジェ」をのぞくと、クッションをはじめ寝具にもファーや皮革類がよく使われている。ホームウエアはそういったインテリアの延長でもあるのだ。

それにしても改めて思うのは、時代によって、使われる素材には大きなトレンドというものがあるということだ。日本の場合、西洋化への憧れをあらわすような戦後のナイロンの時代に始まり、ロマンチックが愛された時代はローンなどの布帛の綿、カジュアル化が進んだ時代は綿でもニットのカットソーの時代、さらに肌触りや快適性が重視されるようになるとダブルガーゼという具合に、変化を見せてきた。昨今のエコフレンドリーなサスティナビリティ重視の機運の中では、オーガニックコットンや再生繊維が時代の潮流となっている。近年登場している新しいブランドは、原点に返るかのようにシルクを前面に打ち出しているものも少なくない。

特に海外では、そのしなやかな風合いはもとより、近年ではサスティナブルな側面からも、再生繊維のテンセルやモダール（いずれもオーストリアのレンチング社の商標名。パルプを原料にした半合成セルロース繊維）をはじめとするレーヨン系の人気が高く、天然素材の一つとして認識され、綿と並ぶベーシック素材となっている。

私自身、寝る時にはどんな素材が好きかというと、究極はシルクニットだろうか。シルクでも洗濯やアイロンが一苦労なシルクサテンなどのすましたものではなく、

今はなきイタリアの最高級ブランドだった「リリアナ・ルベッキーナ」。日本にも90年代に輸入されていた

イージーケアで肌にしっとりなじむニットがいい。綿ニットもよく着るが、シルクはより皮膚に近い感触がある。その昔、ヨーロッパのナイトウエア売り場で購入したシルクニットの、すとんと頭からかぶって着るシンプルなワンピースはなかなか捨てられず、今でもしつこく愛用している（そもそもナイトウエアの捨て時というのは難しい）。正直いうと、ごわごわしたハリのある綿織物を眠る時に身に着けるのは苦手なのだが、二重ガーゼや三重ガーゼのパジャマやワンピースは出番が多い。そういった素材の好みというのは、人によってさまざまだろう。

働く女性の変化を背景に

時は少しさかのぼるが、一九八〇年代から九〇年代にかけて、ワコールに「ケ・サ・ラ」というブランドがあった。私の業界誌記者時代かその後か、同社の展示会で見たそれは、非常に都会的で洗練された、かっこいい大人の女性という雰囲気が漂っていた記憶がある。それまでナイトウエアというとおおざっぱにいって、実用的なパジャマか、ハネムーン用のひらひらしたネグリジェかというふうに両極端であったところに、まさに新しい女性のライフスタイルが登場したといえるものであった。

デザイナーだった岡崎美智子さんによると、同ブランドのコンセプトは上品、上質、セクシー、やさしさの四点で、作りたかったのは「エレガントなシャツ」だったという。

エレガントなシャツ――なんと魅力的な響きだろうか。シャツの似合う女のイメージは、決して年若くはない。しかもふくよかな丸みのある曲線的な体型を美しく見せると思ってしまうのは、私のコンプレックスによるものであろうか。ブランド初期によく使用したというのが、とろみのある綿レーヨン混。肌に当たる側が綿になったコアヤーン（レーヨンを綿でカバリングした糸）なので、肌触りもいい。シルケット加工、ソフト加工をほどこした上質な綿は人気があり、さらには汕頭《すわとう》スカラップ刺繍をほどこした、二万円以上、セットで四万円するようなシルクパジャマも手掛けたという。

色といえば、当時はピンク、サックス（水色）、クリームが基本の時代に、サーモンピンク、ベージュ、アイボリー、ソフトブラウンといった甘くやわらかな、肌にふんわりなじむもの。無地に見えるような淡いプリント、細かな柄のプリント、水彩画風の花柄なども人気だったようだ。当時は一方では、黒などのモノトーンも都会的なテイストとしてナイトウエアの世界に登場していて、ワコールでも同時期にモダンな「トゥエルタン24」というブランドが登場したが、それとはまた一線をひき、あくまでエレガントなやさしさが大切にされたのである。寝る時を意識したものは綿志向だが、家でくつろぐためのラウンジウエアとなるとおしゃれな光沢も重要になり、後にはポリエステルもよく使うようになっていく。当時は、婦人服の世界でも「新合繊」といわれるポリエステルブームがあった。

加えて、繊細なパイピングやふっくらした襟付け、またレースづかいも洗練された大人っぽいものと、ディテールを大切にしているのもエレガントなシャツならではであった。パジャマ上下と上にはおるローブとのアンサンブルを基本にしていたのも特徴で、まさに当時の市場性が伝統的なものからモダンなものへの移行期であったことをおもわせる。スリップドレスにしてもネグリジェにしても、上にお揃いのローブを合わせるのは、ヨーロッパ伝統のスタイルで、日本でも一九九〇年代までよく見かけたが、今はあまり見られなくなってしまった。

ホームウエアの変化の背景には、素材の変化だけではなく、働く女性そのものの変化もあった。

「ケ・サ・ラ」のデザイナー、岡崎さんはいわゆる団塊世代。吹田市出身で、大阪の絵画デザインの専門学校を卒業後、デザイナー募集の新聞求人広告を見て、同

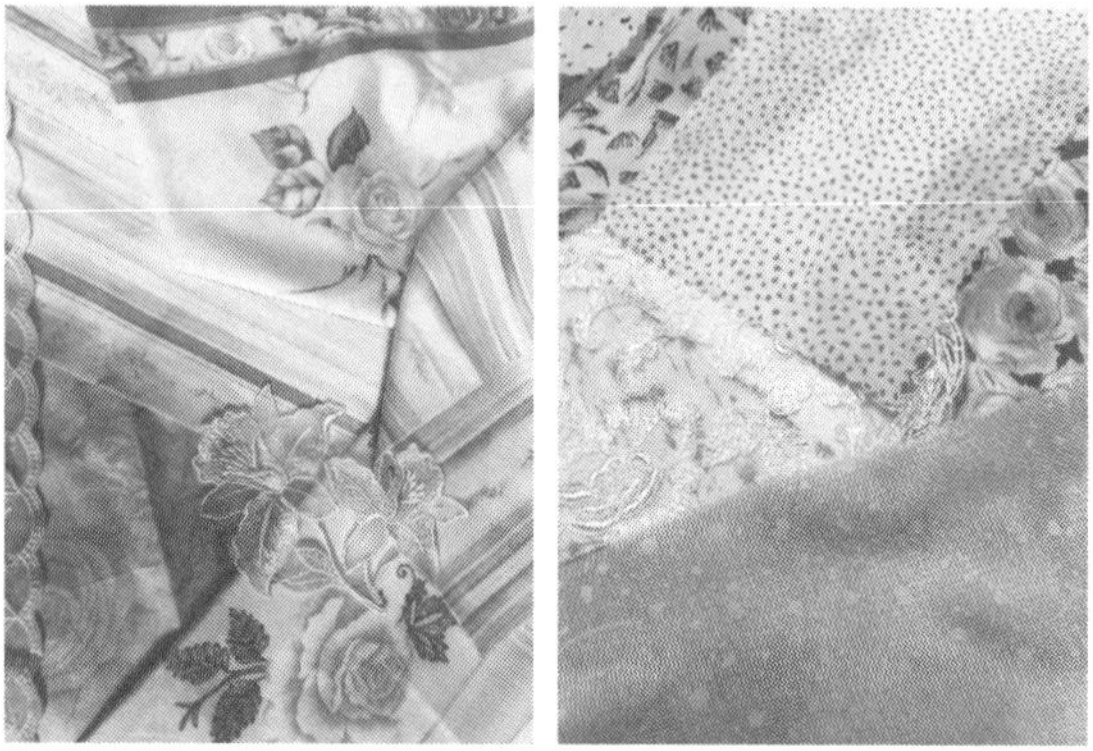

デザイナーの素材アイデアが伝わってくる「ケ・サ・ラ」の素材サンプル

期十二名と共に一九六九年にワコールに入社し、パーソナル（ナイトウエア）部に配属されたが、京都の洋裁専門学校出身者以外からの採用は初めてのことだったらしい。約二〇年、同社に勤務する間も、途中から結婚を契機に契約社員となって自宅にアトリエを持ち、後にフリーランスとなってからは、現在も営んでいる蕎麦屋と二足の草鞋をはきながら、二人の子育ても行った。一般的に当時は女性は結婚したら退職が当たり前で、しかも働き方の選択肢などはなかった。このキャリアは、女性の働き方としては、画期的なものであった。会社内だけではなく、近所の主婦との交流を通して、生活者の視点が磨かれ、「楽でシンプルなものがほしい」という願望に応えたいという気持ちが強くなったと話す。

また、百貨店店頭での販売実習で岡崎さんの印象に残ったのは、「時には自分を変えたい」という女性たちの声だ。連日売り場に来るお客様に話しかけてみると、日中は長靴で過ごす魚屋の仕事をしているので、夜くらいは家できれいなものを身に着けたいと打ち明けてくれたという。ナイトウエアというのはそういう女性のささやかな願望をかなえるものでもあった。

これはランジェリー全般にいえることで、例えば、ワコール「サルート」のような凝ったレースがほどこされているような高級ブランドのファン層は、必ずしも従来の「有閑マダム」といわれた富裕層に限らず、医者が多いと聞いたことがある。人の生死と向き合うストレスの多い仕事だけに、気持ちを切り替え、あるいは非現実な世界に没頭する時間は欠かせないのである。そのために、はたには見えずとも自分の皮膚で感じることのできる、自分だけの「衣服」が必要になってくるのだろう。そのことは、コロナウイルスと向き合う、医療従事者の方々の過酷な仕事の報道に触れるようになって、十分に想像できるようになった。
ホームウエアの歴史とは、女性の社会進出の歴史でもあるのだ。

インパクトある素材が決め手に

考えてみると、ホームウエアは昨今、素材がリードする面がますます強まっている。あちらこちらに似たような商品があふれている中で、供給側は消費者に選んでもらうために、ブランドの差別化のためにも、訴求力に富んだオリジナリティのある素材が欠かせないというわけだ。ユニクロでいうと、「360度伸びる」が枕詞についたウルトラストレッチもそうだろう。伸縮性というのは、確かに着心地の一つの要素ではある。

近年、百貨店のリビングフロアで躍進しているブランドに、タオル専業メーカー、内野の「マシュマロガーゼ®」がある。特許取得を進めながらの素材開発、縫製との一貫生産を強みに、近年はタオル製品だけではなくパジャマにも力を入れており、特にこの「マシュマロガーゼ®」については、軽くてやわらかな着心地と、吸水性や通気性、保温性などの機能性を特長に、「快眠」を強く打ち出している。

やはり素材の時代を反映するかのように、スマイルコットン®を軸にデリケートな肌にやさしいインナーウエアとして支持を広げている「フリープ」（島崎）が、パジャマをスタートさせている。クラウドファンディングサイトでの試験販売で手応えを得て本腰を入れるもので、縫い代やタグを外側につけるなど刺激をおさえた細やかな心配りがされている。肌着類と同様、企画・デザインは本社のある埼玉・秩父、縫製は岩手・陸前高田にある自社工場で行われている。

また、寝具全般のグローバルトレンドとして近年、人気があるのが、麻（リネン）である。リネンとは亜麻繊維の織物で、その独特のさらっとした肌ざわりに加え、吸水性、速乾性にも優れている。きちんとアイロンをかけたような、正統派の上質リネンはもともとヨーロッパらしいが、最近のトレンドというのはシワも楽しむような洗いざらし風のナチュラル感のあるもので、パリのセレクトショップ「メル

正統派リネンの日本ブランド「グラン・フォン・ブラン」

シー」は、いつ行ってもリネン類のその見事なカラーコーディネイトに吸い寄せられる。シーツやカバーはなかなか買えないまでも、タオルやナフキン、ピローケースなどはセールの度に何度か購入した。

リネンといえば、日本でも「グラン・フォン・ブラン」のような高級ブランドが登場している。一流ホテルのリネン企画やインテリアコーディネイトを手掛けていた笹木美保子さんによるオリジナルブランドで、ベッドリネンからテーブルリネンまで、ホームリネンをトータルに提案している。厳選された糸を使った、見るからに高貴な雰囲気に満ちたもので、特にルームウエア（パジャマ、ローブ、ワンピース、カルソン、ブラなど）の縫製については、日本の熟練した職人によって丁寧に作られている。ピコ刺繍やイニシャル刺繍などの上質なリネンならではのディテール、そして色をホワイトとリネンベージュの二色に限定しているのもいい。こんなリネンに囲まれた生活はまさに夢のよう。「リネン」は「ランジェリー」の語源にもなった言葉だけに、時代を越えた永遠の魅力がある。

リネンと少し似た感触を持つ素材としては、バンブー（竹）素材はもとより、最近では和紙からできた素材というのも登場している。長年にわたって和紙繊維の研究開発を行っているＩＴＯＩ生活研究所と独占契約を結んでいるマッシュグループが、二〇一九年からスタートした「アンダーソン　アンダーソン」というアンダーウエア＆ルームウエアのブランドで展開しているもので、通気性や速乾性、消臭・抗菌機能にも優れているという。リネンにしても和紙にしても、天然素材は素材そのものに吸湿速乾といった機能性が備わっているわけだが、それ以外でも糸の段階で、あるいは生地の後加工によって、多様な機能性を付加するという動きもある。

やはりマッシュスタイルラボが二〇二〇年秋冬物からスタートさせた「スナイデルホーム」は、化粧品のような機能性のある素材を用いたホームウエアのブランドだ。コラーゲンの加工を施したウォームサテンやリサイクルコットン、シアバターの加工を施したサテンやボアやフリース、ローズヒップオイルを配合したスムースやボア、アルガンオイルを配合したオーガニックコットンガーゼといった具合に、女性にとってはおなじみの植物成分と人気素材の組み合わせを特徴に、「着るほどに、きれいになる。」とうたっている。

ハイテク素材の中でもこういった機能性化粧品素材とテキスタイルの結びつきは今にはじまったことではなく、既に浸透しているともいえるが、これからホームウエアの分野ではさらなるブームの波がやってくるのかもしれない。抗菌素材の見直しもその一つになるだろう。

家からしか未来は生まれない

パターンやデザイン、そしてもちろん縫製も大切だが、このように素材は衣服にとっては「いのち」ともいえる要の部分であると思う。低価格で提供するために、素材のコストを抑えて生産されたものは、やはりどこかお粗末で、見た目だけで飛びつくことはあっても、長く愛することができずに結局はあまり身に着けなかったということは、私もたびたび経験している。

国内トップクラスの百貨店をはじめ、パリの国際展示会でも常連となっている「ランジェリーク」（カドリール・インターナショナル）というブランドがある。誕生から まる十年。新宿や横浜の駅に隣接したファッションビル「ニュウマン」の中に直営店もある。ランジェリーをトータルに展開する中で、近年はラウンジウエア（ホームウエア）も充実しているのだが、アーティスティックディレクターの有馬智子さんがデザインするにあたって一番大切にしているものを聞くと、「素材」という答えが返ってきた。

「ランジェリーク」はブラジャーやショーツであっても、使われている素材が一般的なナショナルブランドや大量製品のブランドとは異なる。その特徴をひとことでいうと、非常にこだわった天然素材が多いということだ。例えば、シルクストレッチシフォンにリバーレース（世界でもいまや希少となったリバーレース機で編んだ、手工芸の魅力あふれるレース）やエンブロイダリーレース（チュールなどの生地に刺繍を施したもの）など、世界から選りすぐった素材を組み合わせて、有馬スタイルともいうべき、ひと味違うものに仕上げている。いわゆるインスタ映えするというような、昨今の

素材選びの卓越したセンスを感じる「ランジェリーク」のラウンジウエア（2019 秋冬コレクション）

パッと見の派手さという路線とは対極の、非常に繊細でシック、ファッションを愛する人には通じる魅力をたたえているのである。

レースも、わざとリバーレースの細幅の古い機械を使用した、アンティーク風の味わいのあるフィレレース（しかもポリウレタン混紡のストレッチレース）をつなぎあわせて使ったりする。また、ヨーロッパのレースメーカーの古いサンプル帳にあった柄を再現したものを別注することもある。古典的手法とモダンなテクノロジー、双方のいいところをうまく活かしているのだ。

ラウンジウエアの素材でいうと、二〇二〇年秋冬物では、リバティプリントの綿平織りや、ふくらみのある綿インレー（生地にふくらみを出した編み方）。また凹凸感のある柄が目を引くフランス製のジャガードは、ポリエステル・ナイロンを使っているために、想像以上に軽く、ふんわりと羽織ることができる。家の中に限らず、外でもどんどん着ることができるので私も何点か愛用している。素材に対する独特の選択眼があるのだが、有馬さんからは興味深いリアクションが返ってきた。

「スリープウエアに限らず、いい衣服、最高の衣服というのは、それで眠れるかどうかというのが私の基準にあります。私自身は馬のしっぽを集めた素材で出来たシーツで寝るのが夢なんです」

しらずしらず自分の中にあった、〝社会の視線にふれる外でも着られるものが序列としては上〟という衣服に対する先入観は、見事にくつがえされた。たしかに、人というのは家で眠る時が基本であって、眠る時こそが本当の自分に戻れるときなのである。

有馬さんにとって、家は「未来」であり、家からしか「未来」は生まれないというう。外にいると雑音が多くて未来は生まれない、デザインというクリエイションを行うのも家の中。そんな家の中で「何を着ようかな」と思いめぐらすことは、「何を食べようかな」と同様に、幸せな行為なのである、と。コロナ禍の生活でこれを実感している人は少なくないだろう。

さらなる変化の時代に向けて

月刊『みすず』誌での「ホームウエア」の連載を終えようとしていた時に、世の中は新型コロナウイルスの感染拡大という、まさに前代未聞の非常事態に見舞われた。小中学校は春休みの前倒し、企業は社員を出勤させず、自宅でテレワークを実施するところが増加。人が多く集まるイベントは軒並み中止となっているだけではなく、人々が外に出歩くことを控える傾向も見られる。早くからマスク不足、トイレットペーパー売り切れも問題となっている、という時期であった。今から考えるとほんの初期なのだが、その時の心情を忘れない意味でも、その頃にありのままに感じたことを記録しながらしめくくりへと進みたい。

例えば東日本大震災が人々の生活意識を変えたように、今回の事態が大きな変化の節目になったと、後から振り返っていわれることは間違いないだろう。特に、災害時とは異なり、今回の事態がほぼ世界同時におこっていることも、何か予測不能な変化を感じさせる。そうこうしているうちに、世界の感染拡大が急激に広がりはじめ、あれよあれよという間にヨーロッパやアメリカの感染者数が万の桁となってしまった。世界的に人の行き来がほとんどストップしているに近い。まったく収束の見えない状況に不安が深まり、鬱々とした気分が続く。

その後、その状況が長期化し、一年以上経っても「ウィズコロナ」生活が続行している。長年、定期化していた海外取材も中断したままだ。インターネットという大きな武器があるにしても、まさか鎖国のように孤立した時代がやってくるとは、夢にも思わなかった。世界の政治情勢を見ても、つい最近まであれほどいわれていた〝グローバル〟はどこに行ってしまったのだろうか。

とにかく、コロナ禍で一気にクローズアップされたのが、「ホームウエア」である。家の中で過ごす時間の増加を余儀なくされているからであるが、それだけではなく、普段着を中心に、衣服そのものの根本的な見直しの時期が来たのかもしれないと私は早くから感じていた。

コロナ感染の初期段階の話になるが、ヨーロッパの中でも感染者数が急伸したイタリアでは、外に出かけられない分、それぞれの家のバルコニーやテラスに出て、歌を歌ったりしながら近所の人たちと励ましあっているという動画がSNSなどで流れた。さすがイタリア人、だからイタリアが好き、といった好意的なコメントと共に。バルコニーやテラスは、プライベートな家の延長であるとともに、外からも見られたりしながら社会とつながる場でもある。それは移動手段である自家用車とも共通点がある。また、海外の映画のシーンによく登場するように、都会のバルコニーやテラス、あるいは田舎の大きな家の庭などで、日光浴をしたり、食事を楽しんだりする人も多い。パリのインテリア見本市などをのぞくと、こういう場所で使うソファなどの家具類がとても充実している。

野外でくつろぐというのが日本でなかなか定着しないのは、人目が気になったり、紫外線や虫が気になったりということなのだろうか。内と外との境界線には文化の違い、人々のメンタリティの違いも大きく影響しているわけだが、私はこの「家」=「内」の広がりこそが、ホームウエアを考える一つのカギを握っているような気がするのだ。

内と外との中間領域であるとともに、それ以上にその両方をクロスオーバーする衣服という観点から、変化の背景にあるものを考えてみたい。

衣服のスタンダード

私たちの普段着について考えてみると、今日に至る変遷の中で大きな役割を果たしたといえるのが、日本でいうと「無印良品」（良品計画）であり、「ユニクロ」（ファーストリテイリング）である。いずれもSPA（製造小売業）といわれるビジネスモデルを一九九〇年代の早くから導入し、いまや世界中でチェーン展開をしている代表的な巨大小売企業となっている。堤清二率いるセゾングループから生まれた「無印良品」は、もともと西友のPB（プライベートブランド）からスタートし（一九八九年に分社化）、衣食住トータルのライフスタイルブランドとして成長してきた。売り場空間、商品からパッケージに至るまで、色や無駄を省き、素材の持ち味を活かしたシンプルなデザインが時代を超えて愛されている。その後の〝ミニマリズム〟や〝サスティナブル〟といった流れを先取りしたブランド戦略といえる。私自身も衣料品に限らず、文具から生活雑貨、インテリアまでずいぶんお世話になった。「無印良品」という名には、いわゆるブランド品に対するアンチテーゼの思想が表れている。田中一光（アートディレクター）や小池一子（クリエイティブディレクター）といった一流のブレーンがかかわっただけに、その思想は時代を経ても古びない。衣類については、靴下や下着といった日常衣料を皮切りに、家の中でゆったりくつろぐ服が開発されてきたが、その着方については、「（着る人である）生活者の自由にゆだねている」と、衣服・雑貨部の企画デザイン室長が話していた。この「自由」こそが、思想の核にあるといえる。

それ以上に、「ユニクロ」は、日本の衣服やファッションビジネスのスタンダードを変えたといっても過言ではないだろう。こちらも柳井正というカリスマ経営者のもとで成長を遂げてきた企業だ。男女に子供用と家族全員の服が一か所で買える売り場づくり、ついまとめ買いをしてしまう価格設定（総合スーパーや中小スーパーなど従来の量販店より安いものも少なくない）、フリースやヒートテックといった特長ある素材を掲げた定番ヒットアイテム――と、そのユニークで斬新な戦略が大衆を大きく巻き込んだ。年齢や国籍や体型、さらにファッション感度や貧富の差を超えた幅広い層から支持され、家で着るホームウエアとしても便利なものが少なくない。アッと気がつくと、その日、身に着けているものがすべてユニクロだと気がつくこともある。いつのまにか日本国民の日常にすっかり浸透してしまったのだ。上背のある私にとっては、着たときのサイズのバランスが合うことから安心感がある（特にパンツは丈長めサイズがそろっているのがいい）。ブランドコンセプトを表す言葉としては、「ユニクロ」は二〇一三年から「Life Wear（ライフウエア）」という言

ユニクロの人気ラウンジウエアである「ウルトラストレッチセット」

い方をしている。その意味は以下の通りだ。

「あらゆる人の生活を、より豊かにするための服。美意識のある合理性を持ち、シンプルで上質、そして細部への工夫に満ちている。生活ニーズから考え抜かれ、進化し続ける普段着です」(同社ウェブサイト)。両ブランドともグローバルな発展も目覚ましく、日本のスタンダードは世界のスタンダードにもなっている。

日本の伝統的衣服の見直しも

ホームウエアの分野においては、一方で、日本の伝統的衣服の見直しがあることも見逃せない。

その代表例が「ステテコ」だ。ステテコといえばすぐに、凹凸のあるちぢみ状の白いクレープ生地が思い浮かぶ。もともとは男性が着物の下に着ける下着として明治以降に普及したもので、昭和三〇年代位までは中高年男性がズボン下としてだけでなく、夏の部屋着として家で普通に着ていたのを私も記憶している。ほんの子供時代に同居していた祖父が、夏になるとそんな恰好をしていたのだ。女性の「シュミーズ」や「アッパッパ」に相当するものといえよう。同じように古臭い「股引」や「パッチ」（今でいうスパッツやレギンス）が脚にぴったりしているのとは違い、はきごこちがゆったりしているのが特徴だ。このステテコを、蒸し暑い日本の夏を過ごすには最適なユニセックスアイテムとして、二〇一〇年前後からよく目にするようになった。伝統的なステテコをルーツにしていながらも、その多くがカラフルなプリントで、男女共におしゃれな若者をひきつけたのである。

独自規格の綿クレープとあざやかなプリントで伝統に新風を吹き込むステテコドットコム。
photography by Kentaro Kase

肌着メーカーのアズ（本社：大阪府箕面市）が二〇〇八年にステテコ研究所および「ステテコドットコム」を立ち上げたのをはじめ、二〇一一年にはワコールが「女子テコ」、二〇一三年にはユニクロが「リラコ」を発売し、いずれも内容や規模は変化しながらも今日に至るまで継続している。

また、近年でいうと「割烹着《かっぽうぎ》」の復活というのもある。割烹着といえば、これまた明治生まれで、白の木綿が代表的。女性が料理や家事をする時に着物の上に重ねて着るもので、エプロンや前掛けが服を部分的に覆うのに対して、全身を覆うので、着物を保護する役割も大きい。良妻賢母のイメージが強く、昭和のテレビドラマのお母さん役は、この割烹着姿が少なくなかったと記憶している。最近の割烹着は、この古めかしいイメージとはだいぶ異なり、袖付きのエプロンドレスというイメージ。素材や色柄のバリエーションにも富んでいる。ヨーロッパ伝統のスモックにも近いゆったりしたシルエットが特徴で、ホームウエアとして楽で便利なだけではなく、薄手のコートやオーバーブラウスとして重ね着もできると、リラックス志向のファッショントレンドにも連動して人気が出たようだ。

伝統回帰の機運の中では、今後もいろいろな衣服の復活が見られるかもしれない。

それにしても改めて思うのは、十九世紀後半のジャポニズムブームに端を発した「キモノ」は、既に世界共通のアイテム名で、ラウンジウエアの中でも、前身ごろを左右から打ち合わせ、ひものベルトで軽く結んで着る女性用のローブを「KIMONO（キモノ）」と呼ぶことはすっかり定着している。水着の上に羽織るビーチウエアとしても人気がある。国内の着物や浴衣の着用習慣とは異なり、海外の「キモノ」は帯の存在がないのが特徴だ。

アメリカのタレントが自身の矯正下着に「キモノ」のブランド名をつけて物議をかもしたのは記憶に新しいが、いずれにしてもその言葉が独り歩きしてしまうほどの定着ぶりである。中にはキモノがもともと日本の民族衣装であることを知らない人も少なくないのではないかと思うほどだ。

国内和装産業の厳しさは相変わらずだが、着物好きの人は決して減ることはなく、最近では趣味で着物を着たり、一人で着付けができる人も増えている。それだけに、お茶会や観劇会や花火大会といったイベントに限らず、ホームウエアとして日常的に着物や浴衣を楽しみたいという潜在欲求もあるのではないだろうか。

個が影響力を持つインターネット時代

二〇〇〇年代以降、ＩＴ革命による急速なデジタル化とグローバル化の進行によって、世界はそれまでとは異なる多様化の時代へと突き進んでいる。インターネットが消費の仕方から市場や流通構造、そして社会を変えたのだ。近年、アイテムやカテゴリーにかかわらず、ファッションビジネスにおいて新たに起業する人が増えている。その多くはインスタグラムやＳＮＳなどのデジタルプラットフォームを活用し、国境すら越えて直接消費者とつながり販売を行っている独立系ブランドだ。ものづくりに興味を持つ人がいかに増えているかというあらわれではあるが、店舗販売が主体の時代とは違って、新規参入がしやすくなったのは大きい。

店舗販売を基本にしているナショナルブランドメーカーにしても、また百貨店や専門店などの小売業にしても、ネット販売（Ｅコマース）の比率が年々増えており、今後も店頭からインターネットへという流れはとまらないだろう（だからこそ、一方では店舗販売ならではの魅力も見直されるわけだが）。今回のコロナ禍によって、この変化が一気に加速した。

さらに、インターネット時代の際立った特徴としては、少数派の声、一人の声が影響力を持つようになったということだ。それは #MeToo ムーブメントなどにも顕著にあらわれている。大量生産大量消費から多品種少量の時代と言われるようになって、既に三〇年以上経つのではないだろうか。アパレルの中でも大手メーカー主導のインナーウエア業界は、従来はどうしても平均値からはずれる少数派の声は切り捨てられがちだったが、今世紀はそこに光が当てられるようになった。例えば、Eコマースの売れ筋ランキング上位にある「(ボリュームあるバストを)小さく見せるブラ」なども、マーケティングそのものがデジタル化に移行するようになってから登場した発想である。ナイトウエアやラウンジウエアの分野でも、以前は雑誌やテレビなどが強力な媒体だったが、近年はそれがデジタルへと変化している。「ブランドイメージを伝えるのが従来はプロのモデルさんやタレントさんだったが、それが一般の消費者へと変化し、それぞれが撮った魅力ある画像と共にSNSなどで伝えてくれるようになった」と話すのは、着やすさの中にもフェミニンな持ち味を得意とする専業メーカーのナルエーだ。加えて、消費者がインターネットでスマホ検索する「コットン」「ガーゼ」「パジャマ」といったキーワードも重要で、商品名にも意識して反映させるようになったという。こういった取り組みの大きなきっかけとなったのは、乳がんで亡くなった某歌舞伎役者の妻が、療養中にブログで「ナルエー」のパジャマを愛用していることに触れた時の反響の大きさにあった。

一人の声がインフルエンサーとなって共感の輪を広げるというように、マーケティングそのものが大きく変化している。最近はさらにユーチューブなどの動画へと、その手法が多様化していることはいうまでもない。

衣服の枠組みが変わる

そして今、衣服そのものの枠組みが大きく変わろうとしている。パラダイムシフトである。アパレルメーカーはそのことに気がつきながらも、なかなか古いカラを破ることができない。アウターとインナーが近づいているのは、衣服にリラックス感を求めるといった一過性のファッショントレンドではなく、ましてやリモートワークの新しい生活習慣やライフスタイルから生まれたというわけでもなく（ひとつのきっかけではあるだろうが）、もっと長いスパンの本質的な動きととらえられる。

まず、インナー（ウエア）とアウター（ウエア）という分け方がもう陳腐に感じる。もちろん産業としてはそれぞれに発展してきた経緯や背景になっている役割が異なるわけだが、生活者が身に着ける衣服の未来という大きな観点から見ると、少なくともその両者はもっと横断的にとらえられるべきであると思う。それでもこの本では、婦人服アパレルによる外側からのアプローチよりも、インナーアパレルの内側からのアプローチの方に比重がかかっている。それは産業としての基盤をもとにした伝統の蓄積と、肌に近いものを対象にした繊細なものづくりがあるからである。

冒頭の方でも述べたように、「ホームウエア」というコンセプトについても、もともとナイトウエア、ラウンジウエア、ルームウエア、ワンマイルウエアといったカテゴリーそのものがあいまいであり、これからはむしろそういった枠組みから解放される方向にあるというスタンスに立ったものである。もちろん、例えば徹底的に睡眠を促すといった専門性のある領域は、さらに深掘りされていくだろうが、大きな潮流としては汎用性のある合理的なものが求められているのだ。現にヨーロッパなどでは、インナーとアウター、そのどちらでも着用できるという汎用性のあるウエアの市場が伸びている。

世界の主要各都市に店を展開する「ハンロ」は、この新しい市場を狙った「インディヴィジュアル」ラインを二〇一八年からスタートした。それまでの伝統的なナイトウエアやラウンジウエアに加えて、二〇一〇年以降は上下の組み合わせが自由でさまざまな着こなしのできるものを強化していたが、それをもう一歩明確に推し進めたものといえる。家で、街で、オフィスで、また夜の外出にも合うエレガントでカジュアルシックなスタイル。つまりどういう場面でどう着るかは、着る人個人が自由に決める。その変化を、同社のホーマン社長はこう語っていた。

「外で忙しく働く女性は、家に帰ると快適にくつろいだ時間を過ごしたい。そういう思いを反映して、モダンコンフォートとでもいうべき、軽くてイージーなスタイルに力を入れるように路線を変更しています。レディスに比べると、メンズはまだクラシックな要素が強いですが、それでも上下別々の単品組み合わせを上手に着まわし、アウターウエアにも使いまわすようになってきている。自由なインビトウィーン（中間領域）が衣服に生まれているのです」。まさに衣服のモダニティ（現代性）である。

家の中と外とのボーダーレスの動きを受けて、フランスにおける老舗ナイトウエアメーカー「ル・シャ」も、近年は同社が「レジャーウエア」と呼ぶ新しい領域に力を入れている。スリップドレスなどの正統派ナイトウエアやパジャマもいいが、多様な場面で着用できる新しいスタイルが求められているのだ。同社のシャルメ社長は、その変化の理由を二〇一八年にこんなふうに話していたのを、今さらのように思い出す。

「パジャマがファッションアイテムとして注目を浴びたことは大きいですね。社会学的理由としては、家に帰ったら外で着ているよりもより快適でくつろいだものに着替えたい、さらにはそれで外出できるものを求めているということです。それ

汎用性の高い「HANRO（ハンロ）」のインディヴィジュアルライン。いろいろな着方ができる便利なアイテムの人気が高い（2020 秋冬コレクションより）

はアウターウエアとは異なるものですが、従来のホームウエアともまた違ってもっと多様な側面が求められているのです。車での子供の送り迎えや、ちょっと外にお茶をしにいくという場面にも合う服です」

また、イタリアやドイツも昔からナイトウエア専業メーカーの多い国で、それぞれにお国柄もあるわけだが、従来のナイトウエアやラウンジウエアというくくりではとらえきれない新しいホームウエアの開発が進んでいる。多様さを増すホームウエアの中から、あえて外で着ることを目的にしたものを選ぶことは楽しいものである。シルクのパジャマシャツをはじめ、ことにカーディガンやコート（ローブ）などの羽織るアイテムは、アウターウエアとしても重宝する。肌触りがいいし、軽くて快適。こういったリラックス感があるものを選ぶことは、どこか個性的な洒落者でありたいという自己満足もくすぐるのだ。ただ、いま課題となっているのは、店頭で実際に手に触れたり、試着したりできなくてもその魅力をオンラインでいかに伝えるかである。

一方、今年二〇二〇年ほど、生きていくことはサバイバルと痛感したことはなかった。そんなときに思い出したのは、デザイナーの津村耕佑が一九九四年に発表した「ファイナルホーム」である。代表的なナイロンコートは、ポケットに新聞紙をつめれば寒さをしのげるし、非常食や医療品を入れれば災害時の避難着になるというもので、「究極の家」といわれた。改めてこの時代を津村はどうとらえているのだろうか。

「アートもファッションも遠く（主に欧米）にあるあこがれを追いかけてきたようなところがあるが、コロナが自分たちの身の回りの日常を見るように、シンプルに変えてくれたと思う。初めのインスピレーションを大切にして、服作りの新しいページを開いていきたい。例えば針を使わない服作りだってあるのではないか。どこまでが服なのか。どの部分を隠したい（強調したい）、あるいは守りたいのか。そういうふうにものの見方を変えるということです」

まさにアートとファッションの間を行き来する津村らしいコメントである。エイ・ネット（イッセイミヤケグループ子会社）から独立後も自らの服作りを続けながら、武蔵野芸術大学などで教鞭をとるほか、東京ビエンナーレのディレクションにもか

フランスの老舗ブランド「ル・シャ」でも、新しいレジャーウエアタイプに力を入れている（2020年秋冬コレクションより）

「究極の家」といわれた「FINAL HOME（ファイナルホーム）」

かわっている。

最近、着るものを選ぶ時、新しく購入する際に、実用的な消耗品以外は、これはあと二〇年以上着られるものかどうか、死ぬまで使えるかどうか、いやそれ以上に長く愛することができるかどうかを考えるようになった。人生百年時代における衣服は、より長いサイクルで位置づけられるものとなっているのではないだろうか。

今や、サスティナビリティ（持続可能性）やタイムレスがファッションの重要課題となり、供給側も消費者も、年二回シーズンごとの新しいトレンドを追いかける時代ではなくなった。それは今回のコロナ禍によってより明白となった。とはいえ、決して同じところにとどまっていないのもファッションの宿命なのである。まさに「諸行無常の響きあり」。人は常に、過去の服を脱ぎ棄て、新しい服を求めるという変化への欲望も変わらないだろう。

内と外、プライベート（私）とパブリック（公）、そういう従来の衣服の枠組みを超えたところで、その人の日常、もっといえば、その人の人生に寄り添うのが「ホームウエア」である。「ホーム」とは単なる「家」にとどまらず、その人にとっての「居場所」であり、「よりどころ」であり、「帰っていくべき場所」であるなら、そこで身に着けるものは、その空間や時間と一体となり、空気のように身をつつむものだろうか。そこには必ず、他者に見せるコミュニケーションの要素もあるだろうが、それも含めて、何より自分自身が満足するここちよいものであってほしいと願う。汎用性と合理性、そして夢と美。それらは決して矛盾するものではない。

そういう真に豊かな「もう一つの衣服」を持てたら、こんなに幸せなことはないと思う。

ホームに帰ろう！

（「morpho+luna」Photo: Caroline Gavazzi）

おわりに

年が改まった。二〇二一年元旦。窓ガラスをおおっていたこの冬一番の結露を拭いた後、いつものように軽いヨガを済ませてから朝食をとった。窓から差し込む陽の光を浴びながら、新しい一年に思いを馳せてこれを書いている。

二〇二〇年の辛抱の時期、私を支えてくれたのはこの「ホームウエア」だったと改めて思う。自分の仕事の集大成という意味もあるが、執筆の早い時期から、「もっと武田さん自身のことを書いて」と編集者の小川純子さんが背中を押してくれた。私はこれまで自分自身のことを書くということはあまりしたことがなかったし、無名の書き手の個人的なことなど知りたい人がそれほどいるとは思えなかったが、個人的（パーソナル）な記憶も記録の足しになるかもしれないと、前に進むことができた。

ここにきて、ふと思うのは「もう一つの衣服」という表現である。家にこもる生活が当たり前になると、ホームウエアはもう一つの（alternative）衣服ではなく、衣服すべて（mainstream）になってしまう。これはなんと寂しいことか。ケ（日常）があるからハレ（非日常）があり、またハレがあるからケがある。そして、オン（仕事）があるからオフ（休日）があるのであって（もっともフリーランスで働く身にとってはこの明確な区別がないが）、片方だけの生活はむなしい。できるだけ少ない服で過ごすという合理的なミニマリズムの考え方も否定しないが、いわゆるTPOによって着替えることがよろこびであるのは、私世代の特性なのかもしれない。ホームウエアが「もう一つの衣服」であり続ける世の中であってほしいと心から願う。

さらに、私は「もう一つの選択肢」という位置づけが好きだし、自分に合っているのだと再認識した。スポットライトが当たるような華々しい主役でなくて、影（陰）の存在でいい。はたからはあまり見えないが、強烈な自我を持っているというものに惹かれる。

それにしても、「ホーム」とはいったい何だろう。『プラダを着た悪魔』の主人公の上司のモデルといわれるアメリカ版「ヴォーグ」の編集長、アナ・ウインターは何かのインタビューで、「あなたにとって最高のリゾート地は？」と聞かれた時に「ホーム！」と答えていた。女手一つで二人の子供を立派に育てあげた、中学から半世紀来の友人宅で、その暮らしぶりに感心していると、「私は〝家〟が好きなの」という答えが返ってきた。晩年を介護施設で生活していた父が何度も言っていたのが、「家に帰りたい」という台詞だった。誰も家なき子にはなりたくない。私自身、家を失う恐怖を少しだけ味わった体験があるだけに、物心ともに「ホーム」がいかに不可欠なものであるかは身にしみて感じている。

企画構想から三年以上、インナーアパレルメーカーをはじめ、ナイトウエア・ラウンジウエア分野のビジネスにかかわっていらした多くの方々にご協力いただいたことに心からお礼を申し上げたい。実際には国内外問わず個人的に好きなブランドはもっとあるが、いつのまにか廃業していたり、コミュニケーションがうまく取れなかったりということは少なくない。

「ブランド・クロニクル」では、各社のあゆみを跡づけるエピソードを紹介することによってホームウエアの変遷を裏づけたいと考えた。だが、歴史的資料をアーカイブ化しているところが少ないことを知ることになった。「ディオール〈鐘紡〉」は既に現存していないが、国内ホームウエアの歴史を語るうえでは欠かせないと考えて、手元にのこされていた資料を元に加えた。また、「ハンロ」と「ル・シャ」は、世界のホームウエア市場のリード役であるとともに、私が三五年にわたって取材を続けている「パリ国際ランジェリー展」の常連ブランドであることから、ここに名前を連ねていただいた。

さらに、ここで紹介しきれなかった新しいブランドも次々と生まれている。何事も継続して存在し続けることが大事である。書いても書いても、既に新しいものが生まれ、すぐに次のシーズンがやってきて、大切なことをとりこぼしているような気にさいなまれた。従来のように年二回サイクルでトレンドが変化するようなことはなくても、常に先を見て、一か所に立ち止まることがないのがファッションなのである。最近登場している新しいブランドには、物としての新鮮さを感じることはあまりない（どんな新しい提案とうたっていても既視感を持ってしまう）が、ビジネスの仕方など総合的に見ると大きな変化がうかがえる。まさにデジタルトランスフォーメーション時代の到来だ。そこはもう、次世代にバトンをわたしたい。

　窓から見渡せる山や海に季節ごと移ろう自然の色どり、旬のものを中心にしたシンプルでバランスのとれたおいしい食事、鳥がさえずる声や静かに流れる音楽、ベランダの植物や室内のアロマの香り、からだをやさしく包んでくれる布の感触——無意識のうちにも豊かな五感にあふれた家の暮らしが、できるだけ長く続きますように。今はただただ、コロナ禍によってすっかり分断されてしまった内と外、家族と他者との境が、どうか元にもどりますようにと願うばかりである。

　こんな異色の本の出版を敢行してくれたみすず書房と、心をつくしてくれた小川さん、そして意を汲んでブックデザインをおこなってくれた大倉真一郎さんには感謝の気持ちでいっぱいだ。

二〇二一年の年明け、小田原にて　武田尚子

参考文献

『ねむり衣の文化誌』(睡眠文化研究所・吉田集而著、冬青社、2003年)
『モードの社会史・西洋近代服の誕生と展開』(能澤慧子著、有斐閣・有斐閣選書、1991年)
『20世紀モード』(能澤慧子著、講談社・講談社選書メチエ、1994年)
『服飾の歴史をたどる世界地図』(辻原康夫著、河出書房新社・KAWADE夢新書、2003年)
『女性下着の歴史』(セシル・サンローラン著・深井晃子訳、ワコール発行、1989年)
『20世紀日本のファッション――トップ68人の証言でつづる』(大内順子著、源流社、1996年)

『服を作る―― モードを超えて』(山本耀司著・宮智泉(聞き手)、中央公論新社、2013年)
『セゾン　堤清二が見た未来』(鈴木哲也著、日経BP社、2018年)
『女だから、できたこと』(渡邊智恵子著、budori、2015年)
『賞味無限―― アート以前ファッション以後』(津村耕佑、㈱武蔵野美術大学出版局、2018年)
『サードプレイス―― コミュニティの核になる「とびきり居心地よい場所」』
(レイ・オルデンバーグ著・忠平美幸訳、みすず書房、2013年)

『失われた時を求めて9　第五篇　囚われの女1』
『失われた時を求めて9　第五篇　囚われの女2』
(マルセル・プルースト著、鈴木道彦訳、集英社文庫ヘリテージシリーズ、2007年)

『日本洋装下着の歴史』(日本ボディファッション協会編、文化出版局、1987年)
『ブラジャーで勲章をもらった男』(西田清美著、集英社、2016年)
『鴨居羊子とその時代・下着を変えた女』(武田尚子著、平凡社、1997年初版・2011年新装版)

『現代衣服の源流展』図録(「現代衣服の源流展」実行委員会発行、1975年)
『アンダーカバー・ストーリー』図録
((社)日本ボディファッション協会・(財)京都服飾文化研究財団発行、1982年)

『フォルチュニイ展　布に魔術をかけたヴェニスの巨人』図録
((財)京都服飾文化研究財団発行、1985年)

『SOEN EYE No.8 下着』(学校法人文化学園発行、1992年)
『SOEN EYE No.18 1920年代とファッション』(学校法人文化学園発行、1995年)

『ワコール50年史』(ワコール社長室社史編纂事務局編、1999年発行)『ワコールニュース』(ワコール発行)
『グンゼ100年史』(1998年発行)『グンゼアパレル事業50年史』(1999年発行)
『グンゼ110年のあゆみ』(2006年発行)

著者略歴

（たけだ・なおこ）

1957年神奈川県川崎市生まれ．自由学園卒業．ボディファッション（インナーウエア）業界専門誌記者を経て，1988年にフリーランスとして独立．ファッション・ライフスタイルのトータルな視点から，内側の衣服に関する国内外の動向を見続けている．著書に，『鴨居羊子とその時代・下着を変えた女』（平凡社，1997年初版，2011年新装版），『フランス 12ヵ月の贈り物』（水声社，2001年）など．
東京都目黒区在住 30年近くを経て，2010年に神奈川県の最西部に移住．

武田尚子
もう一つの衣服、ホームウエア
家で着るアパレル史

2021年3月16日　第1刷発行

発行所　株式会社 みすず書房
〒113-0033　東京都文京区本郷2丁目20-7
電話　03-3814-0131（営業）03-3815-9181（編集）
www.msz.co.jp

ブックデザイン　大倉真一郎

本文印刷・製本所　中央精版印刷
扉・表紙・カバー印刷所　リヒトプランニング

Printed in Japan
ISBN978-4-622-08997-1
［もうひとつのいふくホームウエア］